KB046860

30년간 지구 23바퀴 여행의 기록

여행을 쓰다

제임스리 지음

시커뮤니케이션

프롤로그

그동안 여행하면서 시간 날 때마다 몇 자씩 써 내려간 여행 일지와 단상을 정리해보았다. 노트에 적은 기록을 살펴보니 30여 년에 걸쳐 116개국(2019년 9월 기준)을 다녀왔다. 정말 발이 부르트도록 줄기차게 지도 위를 날아다녔고 앞으로도 두 다리 멀쩡할 때까지 다닐 계획이다.

지구 반대쪽 편 사람들의 문화와 생활방식을 이해하고 서로 소통하기 위해서는 직접 그 나라로 가서 사전에 공부한 내용을 확인하는 작업이 필요했다. 1년에 세 차례 이상 단기 또는 장기간 여행이 끝나면 그 경험을 정리해 매체에 칼럼을 기고하거나 방송에 출연하거나 또는 중앙부처, 지자체 및 대학 등에서 강연을 하였다. 강연 내용은 다양한 시각에서 목격하고 체험한 지식을 내 나름의 가치 기준에서 분석한 이야기들이 요지가 되기에 지금도 〈밖으로 나가면 세계가 보인다〉라는 강연 주제를 고집하고 있다. 내가 그동안 쌓아온 지식은 현재 인문학 강좌와 여행 토크콘서트 등을 주관할 수 있는 브리지 역할을 톡톡히 해주고 있다.

유쾌한 열정과 낭만. 이는 나를 특징지어주는 단어이다. 여행이 어떤 사람에게는 취미일 수도 있지만 적어도 나에게는 미지의 세계를 향한 동경으로 가슴이 두근두근 뛰는 삶의 과제, 더 나아가 인생의 목적이 되었기에 감히 운명이라 말하고 싶다. 그 기억의 축이 생생한 목소리로 계속해서 다음 여행을 유혹해왔고, 나는 그저 그것을 조금씩 실행하면서 지구의 숨결을 직접 마주해왔다.

여행 전도사, 나에게는 오히려 이 말이 적합하다. 세계여행은 나의 신앙이며 인생이다. 밖으로 나가야 세계를 알고 세상을 바라보는 안목이 달라지고 인생을 즐겁고 바르게 살 수 있다는 것이 나의 여행 가치관이다. 활동하고 보고 있는 영역이 좁을수록 식견의 깊이나 범위도 좁을 수밖에 없다. 넓은 세상을 보면 인생도 달라진다. 떠났을 때 비로소 보이기 시작한다는 의미이다. 나는 여행을 통해 서로 판이한, 마치 다른 행성에서 온 각 나라 사람들의 다양성을 포용하게 되었다.

개인적으로는 화려하고 소문난 초현대 도시는 나에게는 별로 매력이 없다. 수많은 국가와 도시를 다녔지만, 아직 뉴욕에 가본 적이 없다. 어쩌면 내 취향에 맞는 곳이 아니기에 일부러 그곳을 피해 다녔는지도 모르겠다. 나는 인간의 숨소리가 뜨겁고 살아가는 인간의 모습이 다양하고 향기가 많이 나는 이슬람 국가나 남미, 아프리카 등을 선호한다.

여행은 우리 본래의 모습을 찾아준다는 알베르 카뮈의 말처럼 설렘과 두려움을 마음에 동시에 담고 떠났다. 이런 자유여행은 그동안 미처 발견하지 못했던 마음속 깊은 곳에 숨겨져 있는 낯선 나, 즉 '나의 내면의 소리'를 찾는 과정의 연속이었다. 나 자신을 더 잘 알기 위해 떠나는 여행은 우선하여 낯선 나라와 사람들을 만나 눈에 보이는 모든 것들을 짝사랑하는 것이다. 이런 방식으로 내가 원했던 삶을 여행을 통해 재발견하게 되고 더 나아가 내 삶의 우선순위를 다시 정하게 되었다.

나는 여전히 나와 같은 공기를 마시면서 호흡하는, 지구라는 한 배를 탄 동료인 그들의 숨결을 느끼며, 닫힌 내 마음을 활짝 열고 그들과 소통하는 즐거움에 여행의 의미를 두고 있다. 그래서 누군가 "어디론가 떠나고 싶은 충동이 마음속에서 용솟음치고 있다."라고 말한다면 "바로 떠나라. 그곳에 새로운 사람이 있고 은밀한 즐거움이 있다."라고 말하고 싶다.

여행이란 생각의 이동이기에 바깥 세상을 알아가는 과정을 통해 느끼는 마음속의 울림은 두 눈으로 직접 확인해야만 가능하다. 무라카미 하루키의 표현대로 '자기 눈으로 직접 그곳을 보고, 자기 코와 입으로 그곳의 공기를 들이마시고, 자기 발로 그 땅 위에 서서, 자기 손으로 그곳에 있는 물체를 만지고 싶어서 왔던 것'처럼 말이다.

이 책은 대형서점의 서재에 빽빽이 꽂혀있는, 그리고 지금 이 순간에도 막 쏟아져 나오는 수많은 여행서적들의 화려한 내용과는 결이 아주 다르다. 멋진 장면, 아름다운 추억을 담아내고 있는 대부분의 여행기 또는 여행 에세이와는 달리 이 책엔 내가 30여 년간 틈틈이 100개국 이상을 거칠게 여행하면서 겪었던 에피소드, 생각들을 그 당시의 느낌으로 차분히 풀어나갔다. 다시 말하면 이 책은 일반적인 여행에세이나 여행가이드라기 보다는 내 개인의 인생 이야기를 '여행'이라는 그릇에 오롯이 담은 책이다.

'찰나'는 눈 깜짝할 사이를, '순식간'은 숨 한번 쉬는 시간을, 그리고 '겁'은 약 4억년 이상의 긴 시간을 뜻한다고 한다. 약 500겁의 인연이 있어야 옷깃을 스치는 사이라고 하는 것을 보면, 지금 이 순간 이 책을 읽고 있는

독자들과 나와의 인연은 상상할 수조차 없는 긴 시간의 인연법에 따른 것이라는 결론에 다다르게 된다.

마지막으로, 내가 제일 좋아하는 여행과 관련된 글귀를 나열하면서 머리말을 마치고자 한다.

여행은 나를 키워준 스승이다.

부모님이 나를 낳아주셨다면

여행은 나의 가슴을 키웠다.

2019 년 11월

대한민국 서울에서

저자 제임스 리

차례

세계지도는 가슴을 뛰게 한다

내 여행 인생의 청사진은 소년기부터 가진 집요한 꿈과 이루 말로 설명할 수 없는 호기심이 만들어 냈다. 초등학교 시절, 무전 여행기를 책으로 펴내는 등 배낭여행의 선각자로 이름을 떨친 고 김찬삼(1926~2003) 전 경희대 지리학과 교수님에게 존경심을 담은 편지를 보내고 받은 답장 내용을 지금도 그대로 기억하며 살고 있다. 너는 나보다 더 무한한 가능성을 가지고 있다, 어른이 되면 나보다 더 많은 나라를 여행하며 더 많은 나라 사람들과 이야기를 나눌 것이다, 라는 요지의 격려 답장을 받고 감격했던 순간을 떠올리곤 한다.

여행은 나에게 숙명처럼 다가온 것이었다. 하지만 나는 가난한 가정의 둘째 아들로 태어났다. 도저히 여행은 꿈도 꿀 수 없는 처지였지만 그런 어둡고 답답한 환경이 오히려 먼 바깥 세상으로 떠나고 싶은 간절한 꿈을 싹트게 하고, 성장하면서 한층 세계여행을 동경하게 만든 동기가 된 셈이다. 당시 우연히 친지 어른으로부터 지구본 하나를 선물로 받았다.

장난감 하나 없던 나에게 지구본은 나의 유일한 친구가 되어 주었다. 심심하면 빙글빙글 돌리며 세계 여러 나라와 도시를 구경하고 다니는 착각에 빠지며 무한한 상상의 날개를 폈다. 또 대형 지도를 벽에 걸어두고 지구본과 맞추어 보며 나라마다 다른 풍경을 그려보고 낯선 사람들과 이야기를 나누는 꿈을 꾸는 것이 즐겁고 행복했다. 둥근 지구본을 돌려보며 비록 같은 공기를 함께 마시고 살고 있지만 서로 다르게 살아가는 다른 나라 사람들의 모습을 상상하고 그리워하며 자랐다.

여행에 대한 나의 동경심은 참으로 황당하고 막연했다. 세계여행에 대한 호기심이 얼마나 심했던지 나는 때때로 방과 후에 혼자서 물어물어 버스를 타고 곧잘 김포공항을 찾아갔다. 공항 로비에 우두커니 앉아서 출입국 문을 드나드는 여행객들을 부럽게 바라보다가 내 또래의 아이가 보이면 내가 그 아이가 된 환상에도 빠졌다. 어쩌다 요란한 굉음을 내며 동체 바닥을 내보이며 떠오르고 날아가는 비행기를 보거나 내 앞을 스쳐 지나가는 유니폼을 입은 조종사나 스튜어디스를 보면 괜스레 가슴이 두근거렸다. 넋을 잃고 그들이 사라질 때까지 바라봤다. 당시에는 해외여행은 고사하고 여권 하나 만들기도 그리 쉽지 않았던 어려운 시절이었음에도 밖으로 나가려는 내 꿈은 갈수록 더해만 갔다. 시간이 흘러 대학에서 장학금으로 어렵게 학업을 끝내고 군 복무 후 당시 국내 최고의 기업인 H그룹에 입사했다. 그곳에서 여러 나라 구매자들을 직접 상대하며 해외여행 정보를 접하는 기회를 맞이하게 되었다.

입사한 지 얼마 되지 않은 신입사원 때의 일이다. 한번은 심부름으로 고 정주영 회장님의 여권을 복사할 일이 생겼다. 나는 복사를 하기 전에 정 회장님의 여권을 보는 순간 눈이 휘둥그레졌다. 여권 페이지마다 여백이 없을 정도로 빼곡하게 찍힌 해외 각국의 출입국 스탬프, 그리고 기존의 여권 페이지가 모자라 뒤에 길게 덧붙인 페이지를 보면서 '나도 빨리 해외로 나가야지'라는 열망이 강렬하게 불타올랐다.

결국 나는 직장에 매달려 있지 않고 자유롭게 여행을 하기 위해서, 또한 해외 유학에 미련도 있어서 입사한 지 4년 만에 주위의 만류를 뿌리치고 과감히 직장에 사표를 던지고는 오스트레일리아[1]로 훌쩍 떠났다. 가족이라고는 달랑 하나뿐인 나의 형은 이미 수년 전 오스트리아[2]의 비엔나 국립음대로 홀연히 유학을 떠난 상태였다. 젊은 패기 하나만 가지고 두 형제 모두 맨주먹으로 미지의 세계로 떠난 것이다. 유년시절부터 간직해 왔던 꿈이 현실로 펼쳐지는 순간이었다.

현재 전 세계 국가 수는 약 230여 개국에 달한다. 그러나 UN에 정식으로 가입한 회원국 수는 현재 196개국인데 최근 영국 출신의 20대 후반 여성이 이 196개국 모두를 여행함으로써 기네스북에 공식적으로 등재되었다. 한편 UN 가입국 196개국 중 193개국을 방문하여 '한국 기네스북'에 오른 의지의 한국인도 있다는 소식을 접하게 되었다. 나도 두 다리 튼튼할 때 일단 1차 목표인 100개국 배낭여행부터 달성해야겠다는 꿈을 실천하기 위한 버킷리스트를 만들게 되었다. 이는 초등학교 때 읽었던 [벤자민 프랭클린의 자서전]에 영향을 받아 밤에 자기 전에 메모장에 '여행, 음악, 어학' 이 세 단어를 반복해서 써 내려가면서 마음속으로 매번 다짐했던 영향이 컸다.

---

1 고대 그리스의 천문학자이자 지리학자인 프톨레마이오스는 인도양 남쪽 끝에 상상 속의 대륙이 있으리라 추측하고, 'Terra Australis Incognita(미지의 남방대륙)'이라고 기록하였다. 국명이 만들어진 과정은 'Terra Australis'에 지명 접미사 'ia'를 붙이고, 영어식으로 읽어 지금의 오스트레일리아Australia가 되었다.

2 오스트리아 국가명은 독일어로는 동쪽의 변방 지역을 의미하는 Ostmark에서 유래하였으며, Ostmark의 라틴어 표기인 Marchia Austriaca가 영어식으로 불리면서 현재의 오스트리아가 되었다. 한편 오스트리아 현지인들은 자국을 독일어로 '동쪽의 나라'를 뜻하는 '외스터라이히(Österreich)'라 부르고 있다.

그러나 밖으로 나가겠다고 마음을 먹었다고 해서 그냥 밖으로 나갈 수 있던 시대가 아니었다. 밖으로 나가려면 여권을 만들어야 했다. 특히 장기간 해외 유학을 꿈꾼 나같은 유학생의 경우에는 일정 수준의 재력을 가진 보증인의 신원보증, 일정 금액의 예금 잔액 등을 제출해야 했다. 문제는 당시 찢어지게 가난했던 나에게 이것은 최대의 걸림돌이었다. 나는 할 수 없이 친분이 있는 지인에게 여러 가지 사정을 말하면서 부탁을 드렸다. 그 지인은 흔쾌히 보증인으로 자처하시고, 지금 가치로 약 2억 원에 해당하는 은행 잔액 증명서를 아무 조건 없이 만들어 주시는 덕에 나는 무사히 유학을 떠날 수 있었다.

그렇다면 밖으로 나가는데 필수인 여행증명서인 여권은 여행자들에게 어떤 의미가 있는 것일까?

여행자가 자신의 신분을 증명하는 관습은 고대 이집트로 거슬러 올라간다. 고대 이집트의 파라오들은 자신의 이름을 상형문자로 새긴 둥근 형태의 물건, 그러니까 일종의 신임장을 사신들에게 주어 안전하게 여행할 수 있도록 했다. 성경 느헤미야 2장 7절에 유대 지방으로 갈 때 페르시아 총독에게 친서를 받는 장면이 나오는데 당시에도 이동을 허락하는 증서가 엄연히 존재하였음을 입증하고 있다. 여권의 어원을 살펴보면, '지나가다'라는 의미가 있는 고대 프랑스어 동사 passer의 명령형 passe와 '항구'라는 의미의 명사 port를 합성해서 만든 말로써, 항구를 지나가라, 라는 의미이다.

1914년 제1차 세계대전이 일어나면서 전쟁 중인 아군과 적군의 모습이 비슷해서 제대로 식별이 되지 않아 여행 증명서가 절대적으로 필요했다. 따라서 이 증명서에 사진도 붙이고 영어번역도 첨부한 여권이 처음으로 만들어졌다. 1920년 국제연맹은 이에 따른 혼란을 방지하기 위해 같은 형태의 여권을 제안했고, '여권 표준안'을 만들면서 오늘날의 여권이 탄생했다.

그러나 앞으로 우리가 여권에 찍힌 해외 각국의 출입국 도장을 보면서 향수에 젖을 날도 별로 남지 않았다. 여권에 출입국 도장을 찍는 아날로그 시대는 가고 드디어 여권 없이도 해외를 오갈 수 있는 시대가 머지않았다는 이야기다. '원아이디 시스템'은 생체인식을 통한 개인정보 관리 방식인데, 여권 대신 생체인식 기술을 승객의 탑승절차 전반에 도입해 보안성과 효율성 두 마리 토끼를 동시에 잡자는 취지로 가속화하고 있다. 현재 '원아이디 시스템'은 애틀랜타 국제공항 외 몇몇 미국 공항과 히스로 공항, 스키폴 공항, 시드니 공항, 창이 공항, 두바이 국제공항 등의 국내선 탑승절차에 실험적으로 시범 운영되고 있다.

나는 1984년 회사에서 난생처음 만들었던 '상용여권'을 반납하고, 1989년 드디어 새로운 '학생 여권'을 가지고 유학생 자격으로 이역만리 떨어진 호주 땅을 밟을 수 있었다. 이것을 기회로 나는 본격적으로 새장을 뛰쳐나와 바깥 세상을 향해 푸드덕 힘차게 날갯짓을 할 수 있었다.

[시시포스의 신화][3]를 보면 시시포스는 신의 버림을 받고 끊임없이 바위를 위로 밀어 올리는 영원한 형벌을 받은 존재로서 그 모습은 보는 이로 하여금 처절함을 느끼게 한다.

나는 내 키와 내 몸무게보다 더 큰 엄청난 바위를 나에게 주어진 인생의

---

3 알베르 카뮈 의 [시시포스 신화]에 나오는 시시포스는 신에 도전한 인간이다. 시시포스는 죽음의 신을 쇠사슬에 묶고 자신의 죽음을 거부한다. 그러다가 제우스신의 노여움으로 지옥에서 산에 바위를 올려놓고 굴러 내려오면 또 다시 올려놓아야 하는, 끝나지 않는 영원한 노동의 형벌을 받게 된다.

짐이라 가정하고 그것에 깔려 생을 마감할 것인가 아니면 사력을 다해 비록 힘이 부치더라도 그 돌을 끝까지 산 위로 밀어 올릴 것인가, 이 극한 상황을 생각하면서 살아왔다.

여행자는 때로 극한상황으로 몰리곤 한다. 혼자서 항공권 예약부터 숙소, 이동수단, 만남 등 무사히 귀국할 때까지 모든 것은 처절한 자기와의 싸움의 연속으로 볼 수 있다. 이는 내가 어려서부터 어려운 상황들을 극복하면서 지금까지 살아온 모습의 축소판과도 같다는 생각이 든다. 이것이 지금까지도 대부분의 해외여행을 '나 홀로 배낭여행'을 고집하게 된 동기가 된 것 같다.

내 여행 방식은 남들이 이미 보고 들었던 내용을 진부하게 확인하는 것을 되도록 피하고 있다. 이 책에선 내가 보고듣고 익힌 바를 생생하게 전달하려고 최대한 노력하였다.

미지의 세계, 낯선 열정

어려서부터 그토록 오랫동안 마음에 품었던 바깥 세상에 대한 호기심은 차츰 미지의 세계를 향한 설렘으로 바뀌었다. 이 설렘은 첫 여행이었던 호주와 이후 유럽여행에서 더욱 증폭되었다.

소풍 전날 느낌, 첫 해외여행

1989년 1월. 해외여행이 난생처음인 나로서는 종전 경유지였던 싱가포르의 절도 있는 아름다움과 차분함이 아직도 내 눈가에 선한데, 아직 마음의 준비가 전혀 되어있지 않은 상태에서 벌써 또 다른 호주의 색깔이 물밀듯이 마음속으로 파고들어 오는 것에 대해 약간의 거부반응마저 일었다. 나는 비행기 안에서 한국에서 들고 온 호주여행 관련 책자를 읽으며 장거리 여행이 가져다주는 지루함을 조금이라도 상쇄시키려고 부단히도 노력을 했다.

"이 비행기는 곧 시드니 킹스포드스미스Kingsford Smith 국제공항에 착륙하니 안전띠가 잘 매어져 있는지 다시 확인하시기 바랍니다."

기내 안내 방송을 듣자 잠이 깨어버리고, 돌연 가슴이 쿵쾅거렸다. 호주의 하찮은 풍경 하나라도 놓치지 않으려고 창문에 바짝 몸을 붙이고는 창문 밖으로 펼쳐지는 풍경에 눈을 떼지 않았다.

전 시가지가 울창한 초록색 숲과 빨간 기와집들로 아기자기하게 균형을 이루며, 넓디넓은 하늘을 벗 삼아 여유를 뽐내고 있었다. 이 광경을 보니 천편일률적인 회색빛 고층건물과 아파트로 빼곡하게 들어찬 한국의 삭막한 모습과 비교되며 머릿속에서 여러 잡념이 뒤섞였다.

중간 경유지인 싱가포르로부터 약 8시간에 걸친 기나긴 비행시간 끝에 흔들리는 비행기 날개 아래로 이국적인 풍경이 넓게 펼쳐졌다. 황금빛 아침 햇살이 가득한 창문으로 하버브리지가 한눈에 들어왔다.

말로만 듣던 호주 시드니에 오게된 것을 몸으로 실감했다. 지금쯤이면 한국은 아직도 하얀 눈이 내리는 영하의 한겨울인데, 계절이 반대인 이곳 호주 시드니에서 남반구의 작열하는 태양을 온몸으로 받아들이고 있다는 현실이 믿기지 않았다.

생각해보니 그렇다. 그동안 전혀 느끼지 못하고 살아왔는데 나와 같은 공기를 마시고 사는 남반구의 호주사람들은 계절, 도로 차선, 차량 운전대 위치 등등이 한국과는 반대이지만 아무런 불편 없이 움직여왔다. 이 미지의 세계에 대한 설렘은 초등학교 때 소풍 가기 전날 밤에 느꼈던 강도로 느끼는 반응이었다. 이것이 나의 첫 해외여행이었다.

설렌다는 것은 비단 미지의 세계만이 대상은 아니다. 미지의 세계에서 만난 사람들에 대한 설렘은 무엇인지 모를 이끌림에 평소 느끼는 설렘보다 몇 배나 증폭되곤 한다. 1995년에 다녀온 유럽여행에서 느꼈던 설렘이 바로 그러한 설렘이었을까?

여행지에서 만난 그녀, 내 첫사랑

1995년. 형이 오스트리아 빈으로 성악공부를 하러 유학을 떠났기에 형 얼굴도 볼 겸 오스트리아 빈을 찾았다. 나는 오랜만에 형과 만난 후 유레일패스를 끊어 빈에서 출발하여 부근의 체코[4]에 가게 되었다. 그때 체코 프라하 중앙역에서 오스트리아에 성악공부를 하러 온 '미즈꼬'라는 20대 후반의 일본 여학생을 우연히 만났다. 우리 둘은 자연스레 음악 이야기로 꽃을 피웠고 약 여섯 시간에 걸쳐 데이트 아닌 데이트를 즐겼다. 깜깜한 한밤중에 카를교를 건너니 그림 엽서 같은 모습의 블타바강과 언덕 위에 있는 고색창연한 프라하성의 화려하고 보석 같은 장엄한 야경이 내 혼을 쏙 빼면서 엄마의 너른 품처럼 푸근하게 반기는 듯했다. 가만히 그녀 쪽으로 고개를 돌리니 그녀는 나지막한 목소리로 오페라 아리아를 부르고 있었다. 한참을 그녀가 읊조리는 멜로디에 마음을 모두 빼앗겼다가 문득 정신을 차리고 보니, 빈으로 돌아갈 마지막 열차 시간이 다 되었다. 나는 무거운 발걸음을 터벅터벅 옮기며 그녀가 프라하에 예약한 호텔까지 바래다주었다.

"빈으로 돌아가야 할 시간이 다 되었네요."

나는 그녀에게 속삭이듯 어렵게 말을 꺼냈다.

"저는 내일 이곳에서 오후 5시 열차로 빈로 돌아가요."

---

4 보헤미아는 체코공화국의 서부를 가리키는 명칭으로서, 중세 역사서에는 체코가 아니라 '보헤미아'라는 이름으로 등장한다. 체코라는 국명도 인구의 90%를 차지하는 체코인에서 유래했는데, 그 의미는 '맨 처음의'라는 뜻이다. 1993년 1월 1일, 체코와 슬로바키아는 양국 모두 피 한 방울 흘리지 않고 평화롭게 완전 분리, 독립하였다. 2017년 구글 지도에도 체코 대신에 '체키아'라는 국명이 등장하는 등 조만간 '체키아'라는 국명이 국제사회에서 정식으로 채택될 것으로 전망된다.

그녀는 잠시 머뭇거렸다.

무엇인지 모를 아련함이 마음속 깊숙이 남아있었지만, 어깨가 축 처진 모습의 그녀가 호텔 로비로 들어가는 것을 확인한 다음 부지런히 프라하 중앙역으로 와서 빈으로 가는 열차에 몸을 실었다.

그동안 쌓였던 여독이 말끔히 사라지면서 나도 모르게 그녀가 들려준 오페라 아리아 선율을 기억해내어 혼자 흥얼거리면서 가벼운 마음으로 빈으로 돌아왔다.

다음 날에도 그녀가 떠올라, 그녀를 한번 봤으면, 하는 마음이 굴뚝같았다. "프라하 중앙역에서 오후 5시 열차로 빈으로 돌아가요."라고 그녀가 말했으니까, 미리 역에 가서 기다렸다가 같이 빈으로 돌아오면 되겠다 싶었다. 나는 어제처럼 빈에서 프라하 중앙역으로 부지런히 열차를 타고 갔다.

프라하 중앙역에 도착하니 오후 4시였다. 이제 한 시간만 더 기다리면 그녀를 다시 볼 수 있다는 생각에 주체할 수 없을 정도로 심장이 쿵쾅거리기 시작했다. 그러나 5시가 되어도, 아니 6시가 되어도 그녀는 끝내 중앙역에 모습을 나타내지 않았다. 나는 혹시나 해서 7시까지 기다렸으나 결국 허사였다. 어쩔 수 없이 빈으로 가는 다음 열차 시각에 맞춰 혼자서 쓸쓸히 열차에 올랐다.

이렇게 하루가 또 지나갔다. 나는 혹시 그녀가 착각해서 프라하를 떠나는 날짜를 잘못 말했던 것은 아닐까, 하는 생각에 다시 빈에서 부지런히 열차를 타고 프라하로 달려갔다. 가슴이 엔진 소리처럼 요란하게 요동쳤다. 나는 어제처럼 어슴푸레한 땅거미가 질 때까지 역에서 기다렸으나 그녀의 모습은 전혀 찾아볼 수 없었다.

처음 만났을 때 그녀가 가늘고 고운 목소리로 내 곁에서 나지막하게 불러주었던 아리아는 바로 영화 [쇼생크 탈출The Shawshank Redemption]에 삽입되었던 모차르트의 오페라 [피가로의 결혼] 중 '저녁 산들바람은 부드럽게 불고Che Soave Zeffiretto'였다. 포근하게 온몸을 감싸는 특유의 부드러움과 마음의 빗장을 푸는 아리아 선율은 빈으로 돌아오는 내내 내 귓가에서 뱅뱅 맴돌았다.

납덩어리처럼 마음이 무거웠다. 다시 빈으로 돌아오는 열차 안에서는 아련한 애상이랄까, 한숨이 뒤섞인 느낌이 한동안 잊고 살았던 무어라 형용할 수 없는 미묘한 감정이 가슴속에서 요동치며 누군가가 그리워졌다. 나의 누군가를 향한 알싸한 향수를 일깨워주기라도 하듯 비가 한두 방울씩 차창을 스치며 떨어졌다.

현실이 된 사춘기 펜팔의 추억

나는 영어를 배우기 위해 고등학교 때부터 펜팔을 시작했다. 그중 한 명은 벨기에[5] 여성인 '카트리엔'이다. 고교 시절부터 펜팔을 했던 그녀는 벨기에 제 2의 도시인 엔트워프Antwerp에 산다고 했다. 고등학교 때부터 시작한 약 10여 년간에 걸친 펜팔 편지만으로도 책 한 권을 너끈히 출간할 수 있을 정도로 일주일에 한 번 정도씩은 편지를 주고받았다.

"이왕이면 편지만 하지 말고 서로 직접 봅시다."라는 생각이 서로 통했을까. 그녀를 '1988 서울 올림픽Seoul Olympic Games'에 맞춰 초대할지 아니면 올림픽보다 2년 전에 개최하는 '1986 아시안게임Asian Game'에 초대

5 벨기에가 독립하게 된 도화선은 '프랑스 7월 혁명'이 일어난 1830년, 오페라내용에 자극을 받은 브뤼셀 시민들이 봉기하여 독립을 쟁취하였다. 9월에는 네덜란드 군과 시가전을 벌이면서, 일반시민들까지 참여해 결국 12월에 독립을 쟁취하였는데, 동년 12월 20일 유럽 열강들은 공식적으로 벨기에 독립을 승인함으로써 벨기에라는 국가가 최초로 역사에 등장하게 되었다.

를 할지를 두고 당시 많이 고민했었다. 그녀는 마침 아시안게임 기간에 한국을 찾을 수 있었다. 나는 회사 부장님의 특별 배려로 당시 상상할 수도 없는 '15일간의 특별휴가'를 얻어 한국으로 그녀를 초청할 수 있었다. 그녀의 한국 방문 기간에 용인 민속촌, 경주, 제주도를 안내하면서 같이 여행했던 당시의 기억이 불현듯 떠올라 유럽여행 기간에 벨기에에 있는 그녀 예고도 없이 깜짝 방문하는 계획을 잡았다.

Bon Voyage!

1994년 5월. 이번 유럽여행은 지구를 한 바퀴 도는 대장정의 일환으로서 호주 시드니-일본 오사카-하와이-미국 LA-영국-네덜란드-베네룩스 3국(벨기에, 네덜란드, 룩셈부르크)-프랑스-독일-스위스-이탈리아-오스트리아-체코-헝가리-싱가포르-호주 시드니로 귀환하는 3개월간의 제법 긴 일정이었다.

나는 유럽여행 일정 중 드디어 열차를 타고 펜팔 편지 겉봉에 쓰여 있는 그녀의 주소만 달랑 가지고 그녀가 살고 있다는 벨기에의 엔트워프에 도착했다.

이미 한밤중이라 광장 근처에 있는 한 호텔에 일단 체크인을 한 후 인근에 있는 식당을 찾았다. "이곳 사람들이 즐겨 먹는 메뉴 중의 하나입니다."라고 해서 나 역시 아무런 생각 없이 소시지와 으깬 감자가 들어간 메뉴를 주문해서 저녁 식사를 마쳤다.

식사 후 식당을 나섰는데 문제는 길이 다 비슷해서 내가 묵고 있는 호텔을 어떻게 찾아가야 하는지 도무지 생각이 나지 않는 것이었다. 몇 번이나 주위를 뱅뱅 맴돌았다. 결국, 난감한 표정으로 지나가는 중년의 현지 남자를 불러 세워 호텔 이름을 대고 "찾아가는 길을 알려 주세요."라고 부탁했다. 나는 밤이 점점 더 깊어져 다급함에 초조하게 물어봤지만, 그는 스캔하듯 나를 위아래로 한번 쭉 훑어보고는 다시 고개를 돌려 자기 갈 길을 갔다. '하긴 여러 나라를 다니느라 몰골도 꾀죄죄한 내 모습에 거부반응이 생겨서 그랬나 보다.'라고 혼자 위안으로 삼았다.

시간은 자꾸 흘러 불안감은 바위처럼 묵직하게 내 어깨를 누르고 있었는데 저 멀리 자전거를 타고 오는 20대 후반의 한 현지 청년을 우연히 만났다. 나는 반가운 마음에 그 남학생에게 다가가 다시 호텔로 가는 길을 물었다.

"호텔이 여기서 그다지 멀지 않기에 제가 안내해드리겠습니다."

그 학생은 나와 같이 보도를 걸으면서 자전거 라이트로 캄캄한 길을 비추면서 앞장서서 나를 안내했다. 약 10분쯤 대로를 쭉 걷다가 오른쪽으로 돌아서니까 내가 묵는 호텔이 한눈에 들어왔다.

"감사합니다, 이제는 그냥 집으로 가도 좋아요."

나는 그 청년에게 말했다.

"좋은 여행! (Bon Voyage!)"

그는 이 말 한마디를 남기고는 어둠 속으로 왔던 길을 되돌아갔다. 그 청년의 평소 몸에 밴, 타인에 대한 배려에 마음 한구석이 뭉클해졌다.

8년만의 해후

다음 날 아침. 나는 마음이 급해 호텔 식당에서 아침 식사를 마치자마자 택시기사를 불러 다짜고짜 편지에 나온 주소를 보여주며 그녀의 집으로 가자고 했다. 택시기사는 택시를 몰면서 택시에 있는 무전 호출기로 여기저기 수소문을 하더니 그녀의 전화번호를 알아냈는지 직접 통화를 하면서 주소를 다시 확인하는 것 같았다.

호텔에서 약 20분쯤 달리자 그가 택시를 급히 세웠다. 펜팔을 통해 그녀가 자기 집 사진을 몇 번이나 보내주어 눈에 이미 익숙한, 전형적인 유럽풍의 집 전경이 눈에 확 들어왔다. 택시에서 먼저 내린 그는 바로 그 자리를 떠나지 않고 그녀 집 문에 달린 초인종을 눌렀다.

이윽고 삐걱거리는 소리와 함께 그녀가 졸린 눈을 손등으로 비비면서 대문을 열었다. 그녀는 갑자기 나타난 내 모습에 깜짝 놀라는 표정을 지었으나 이내 해바라기처럼 밝은 미소로 화답했다.

"오늘 회사에 가야 하니까 일 끝나고 광장 근처에 있는 식당에서 저녁 식사를 같이해요."

그녀는 나와 약속을 하고는 헤어졌다. 나는 그녀의 퇴근 시간까지 지도를 보면서 엔트워프 중심가를 이잡듯이 훑으며 돌아다녔다. 시간에 맞춰 저녁 식사를 같이하기로 한 식당에 먼저 도착한 나는 일단 홍차를 시켜 마시면서 그녀를 기다렸다. 그로부터 10분 후 그녀는 여자 친구 한 명을 데리고 식당에 들어왔다. 1986년 서울에서 개최된 아시안게임에서 그녀를 만난 후 1994년도에 이곳에서 다시 보는 것이니까 벌써 8년이란 세월이 흐른 셈이다. 그녀 역시 엄연한 30대 중반의 모습으로 나에게 다가왔다. 너무 오래간만에 만나니 할 이야기도 많아 이런저런 얘기를 하면서 이야기꽃을 한창 피웠다. 다만 옆자리에서 일본 상사 주재원들 대여섯 명이 무척 시끄럽게 식사를 하는 바람에 모처럼 좋은 분위기가 짜증으로 마무리된 것이 흠이라면 흠이었다.

저녁 식사 후 그녀는 여자 친구를 돌려보내고는 식당에서 그리 멀지 않은 곳에 그녀가 예약한 숙소로 나를 안내했다. 나는 이 층에 있는 방으로 그녀를 따라 올라갔는데 그녀는 한동안 집으로 가지 않고 방에서 멈칫거렸다. 그러나 나는 여행을 떠난 지 벌써 한 달이나 되어가고 시차 때문에 너무 피곤해서 그녀와 무슨 얘기를 나누다가 나도 모르게 그만 그냥 잠에 곯아떨어져 버렸다.

다음 날 아침. 그녀가 숙소로 나를 다시 찾아 왔는데 어제 봤던 얼굴과는 다르게 표정이 매우 굳어 있었다. 그러나 그 와중에도 그녀는 빨간 폭스바겐 승용차로 시내 유명 관광지와 아담한 정원이 딸린 전통 유럽풍의 집을 속속들이 구경시켜 주었다. 특히 그녀 집에 있는 100년은 족히 넘어 보이는 나무로 만든 괘종시계가 매우 탐났다.

"이 시계는 제가 어렸을 때 할아버지가 직접 만든 것이에요."

그녀는 시계를 손으로 어루만지며 말했다.

시간은 어느새 흘러 오후 4시. 나는 다음 여행지로 떠나야 했다.

우리는 이렇게 해후하고는 나는 다시 열차를 타고 룩셈부르크로 가기 위해 서둘렀다. 역까지 배웅했던 그녀의 표정에서 이것이 우리의 마지막 만남임을 읽을 수 있었다.

마지막 편지도 애틋하게

그로부터 다시 10년 후인 2004년이 되었다. 내가 다니고 있는 회사의 벨기에 지사 현지 여직원이 워크숍의 하나로 내가 있는 서울 본사를 방문했다. 나는 그 여직원을 만나 카트리엔과 그동안 있었던 에피소드를 들려주면서 그녀의 근황을 부탁했다. 한 달 후, 그 현지 여직원은 그녀의 소재를 파악해서 내게 이메일로 알려 왔다.

"그녀는 현재 네덜란드 사람과 결혼해서 두 자녀를 두고 있는 전업주부입니다."

내 예상처럼 그녀는 결혼한 두 자녀의 엄마였다.

그로부터 다시 두 달 후, 그녀는 내가 현지 여직원에게 알려준 내 이메일 주소로 편지를 보내왔다. 그 내용에는 옛날 고등학교 때 나하고 처음으로 펜팔을 했던 기억, 한국을 방문했을 때의 추억 그리고 10년 전 내가 벨기에를 방문했던 기억 등등을 회상하는 내용이었다. 이것이 그녀의 마지막 편지였다.

인간은 누구나 마음속 깊숙이 격렬한 감정의 요소를 지녔듯이 나 역시 고등학교 때 펜팔을 하면서 시작되었던 그녀에 대한 또 다른 마음속 설렘은 가슴이 뛰면서 질풍노도疾風怒濤와도 같이 시작되었다. 그러나 평소 익숙하지 않았던 설렘은 미지의 세계에서 미즈꼬의 경우처럼 그녀와도 이렇게 흐지부지 끝나고 말았다.

이성理性의 장벽에 꽁꽁 갇혀 선명하고도 달콤한 이성(異性)의 속삭임마저 구분하지 못한 채 격정적으로 승화시키지 못하고 그냥 마음을 접은 결과였는지도 모르겠다.

나는 이 시기에 [청춘예찬][6]에 묘사된 내용과도 같이 미지의 '바깥 세상'과 이성에 대해 설렘으로 여전히 끙끙거리며 열병을 앓고 있었다. 이렇게 설렌 것은 정말 오랜만이었다.

6 청춘, 이는 듣기만 하여도 가슴이 설레는 말이다. 청춘! 너의 두 손을 대고 물방아 같은 심장의 고동 소리를 들어보라. 청춘의 피는 끓는다. 끓는 피에 뛰노는 심장은 거선의 기관같이 힘 있다. 이것이다.(후략)

불법이민자와 난민

우리는 각자 나름의 목표를 가지고 해외여행을 하게 된다.

대부분 본인들이 기획하고 준비한 '자발적인 여행'으로, 즐거움과 설렘을 가슴에 듬뿍 담고 밖으로 나가게 된다. 그러나 한편으로는 자신이 태어나고 성장한 자기 나라를 생명의 위협을 느끼면서까지 각종 수단 방법을 가리지 않고 벗어나려는 여행도 있다. 한국인들에게는 아직 익숙하지 않은 '불법 이민자' 또는 '난민Refugee'이 이에 해당한다.

유엔난민기구인 '유엔 난민 고등 판무관UNHCR'에서 제공하는 '난민'과 관련한 내용을 살펴봤다. 박해를 피해 이주한 사람을 해외에서 보호하는 관행은 인간 문명의 가장 오래된 특징 중 하나이다. 히타이트, 바빌로니아, 아시리아, 고대 이집트 등 중동의 초기 거대제국이 번성하던 시절인 3천 5백 년 전 기록에서도 이러한 사례가 있었음을 찾아볼 수 있다.

난민의 정의는 국제법으로 확립된 [1951년 난민의 지위에 관한 협약]을 통해 알 수 있다. 난민이란 '인종, 종교, 국적, 특정 사회집단의 구성원 신분 또는 정치적 의견을 이유로 박해를 받을 우려가 있다는 합리적인 근거가 있는 공포로 인하여, 자신의 국적 국가 밖에 있는 자로서 국적 국가의 보호를 받을 수 없거나 또는 그러한 공포로 인하여 국적 국가의 보호를 받는 것을 원하지 아니하는 자'를 의미한다고 이 문서에서 명시하고 있다.

원치 않는 여행, 난민과 불법이민자

뉴스에서도 가끔 볼 수 있듯이, 불법 이주를 알선하는 브로커들이 수백 명의 난민을 태운 채 망망대해를 배회하다가 자신들은 탈출하고 난민을 태운 화물선은 그냥 바다에 내버리는 행태를 보이곤 한다. 이 경우 이 화물선을 '난민 유령선'이라고 부른다. 2015년경부터 난민 유령선은 주로 북아프리카, 중동 등지로부터 지중해를 건너 유럽으로 향하는 불법 이주를 알선하는 브로커들의 새로운 돈벌이 수단으로 자리를 잡았다.

고철 가치로도 쳐주지 않는 오래된 화물선은 온라인 거래로도 손쉽게 구할 수 있기에 브로커들은 나중에 바다에 버리는 화물선 구매가격보다도 더 많은 돈을 불법 이민자들에게서 받아 수익을 챙기는 구조이다. 이 경우 "브로커들은 불법 이민자 1인당 약 1천~2천 달러의 승선요금을 받기에 '난민 유령선 항해 프로젝트'를 한 건 할 때마다 약 100만 달러 이상을 벌어들일 수 있다."라고 전문가들은 말한다.

중동, 동남아시아 등지에서 난민들이 목선을 타고 호주로 거친 항해를 하다가 결국은 바위만한 파도에 배가 난파되어 수백 명이 목숨을 잃는 사고가 빈번하게 일어나기도 한다.

2014년 나는 말레이시아 쿠알라룸푸르 공항 로비에서 우연히 '호주 불법 난민 경고 안내표지판'을 보게 되었다.

> 만일 당신이 비자 없이 배로 호주로 간다고 해도, 당신은 절대로 그 곳에 정착할 수 없습니다(If you go to Australia by boat without a visa, you won't be settled there).

목숨을 걸고 항해를 해서 도착한 곳에서, 그들은 정착할 수 없었다.

빌라우드 수용소

1990년 초, 내가 호주에 있을 때 업무상 시드니 서부에 있는 '빌라우드 수용소Villawood Detention Centre'를 찾았었다.

이곳 수용소는 TV 뉴스나 사진에서 보던 것처럼 그런 삼엄한 경계가 펼쳐져 있는 환경은 아니었다. 건물 실내를 제외하고는 수용소 밖에서도 듬성듬성 쳐져 있는 철조망 사이로 운동장이 훤히 들여다보였다. 마침 운동장에는 중동 출신의 이민자들이 진지하게 공을 차며 놀고 있었다.

수용소 직원의 안내로 수용소 각 방을 볼 수 있었다. 각 방은 마치 인종 전시장같이 세계 각국에서 온 불법 이민자들로 문전성시를 이뤘다.

이곳에는 난민을 포함하여 기타 비자 규정을 위반한 사람들이 주로 수용되어 있었는데, 난민에 대해서는 'UN이 정한 조례'에 따라 호주 정부 역시 세계 여론의 눈치를 보면서 처우하느라 골머리를 앓고 있었다. 특히 남부 호주에 있는 '우메라 수용소Woomera Detention Centre'에서 가끔 벌어지는 수용자들의 난동이 국제여론의 주목을 받고 있던 터라, 이 수용소 역시 초비상 상태였다.

주로 이란, 이라크 등의 중동국가와 중국, 인도, 파키스탄, 인도네시아, 필리핀 등지의 아시아 국가에서 삶의 질을 바꾸기 위해 목숨을 걸고 이곳에 온 이들은 졸지에 추방의 위기에 직면해 있었다. 그러나 결국은 이곳으로 오느라 이민 브로커에게 진 빚을 갚는 문제와 귀국 후에 자신들에게 불어 닥칠지도 모를, 한 치 앞을 내다볼 수 없는 불확실성을 받아들이기 어려운 모습이 역력했다. 일가족이 함께 체포되어 온 경우, 남자와 여자를 구분하여 수용하는 바람에 일가족이 졸지에 생이별할 수도 있다는 점과 특히 아내가 임산부면 그 가족의 마음고생은 이루 말할 수 없을 것이라는 생각이 문득 들었다.

아직도 중동 등지에서 나무로 만든 밀항선을 타고, 목숨을 담보로 망망대해를 건너온 몇몇 보트피플Boat People은 체포된 후에도 몇 년째 이곳에 수용되어 있었다. 이 수용소에서 태어나서 자란 그 자녀들은 이민국 직원의 인솔로 이곳에서 지정해준 교육기관에 단체로 공부를 하러 갔다가 오곤 했다. 이러한 모습은 평소 생각했던 이미지와는 사뭇 다른 느낌을 주었다.

그러나 가끔 수용소에서 오랜 기간을 지내다 보면 일부 수용자들의 잇따른 자살 기도, 자해 그리고 폭력 사태를 목격할 수도 있으며 특히 어린애들은 이를 목격한 후 정신적 충격을 받아 '외상 후 스트레스 증후군'을 보이며 음식을 거부하고 말을 하지 않는 등의 심각한 증상을 나타내어 병원에 입원하는 경우가 종종 있다.

반면 호주 정부는 이민자들의 범죄 때문에 항상 냉가슴을 앓고 있었다. 이에 맞추어 자동차면허증을 비롯해 출입국관리시스템 모두가 미국 스타일로 아주 엄격하게 바뀌어 버린 것은 결코 우연한 일이 아니었다.

호주 난민재판소Tribunal에서는 '체류 기간만을 연장하기 위한 난민신청'을 심사하느라 행정적, 인적 소모가 막대하다. 난민신청 사유가 되지 않는데도 불구하고 신청서만 접수되면 1차 결과가 나올 때까지 시간을 벌 수 있고, 거절되더라도 또 재심 신청을 넣으면 다시 최종 판단 때까지 시간을 벌 수 있기 때문이다. 이런 방법으로 어떤 케이스는 최종 결과가 나올 때까지 난민신청자가 몇 년을 더 합법적으로 체류할 수 있어서 이민 브로커들의 '단골 메뉴'로 이용되곤 한다.

이들이 강제로 추방되는 경우에는 3~5년간 재입국을 금지하고 있다는 점도 이들을 괴롭히고 있는 요인이 된다. 이를 악용한 국제 이민 브로커들은 매년 호주건국기념일인 '오스트레일리아 데이' 또는 호주 내에 큰 이벤트가 있을 때마다 호주 정부가 곧 사면령을 내릴 것이다, 라며 불법 이민희망자를 모집하곤 한다. 1인당 미화 약 만 5천 달러에서 많게는 약 10만 달러씩 챙기는 사례가 빈번하게 발생하고 있어 호주당국의 현안으로 두드러져 있는 상황이었다. 또한, 나이 어린 여자들을 사창가에 팔아버리는 인신매매와 다를 바 없는 또 하나의 비즈니스가 국제 이민 브로커들에 의해 소리 없이 전 세계에 걸쳐 조용히 자행되어 오고 있었다.

교민사회로 눈을 돌려보면, 교민신문에는 온통 이민대행을 한다는 현란한 광고가 상당한 부분을 차지하고 있었고 그를 둘러싼 잡음 또한 끊이지 않았다. 그만큼 이민 또는 비자 문제가 미국, 캐나다, 뉴질랜드와 호주 등 비자를 통제하는 국가에서는 교민들의 삶 전체를 좌지우지하고 있었다. 왜냐하면, 혹시라도 일이 잘못되면 당사자들은 불법 이민자가 될 뿐만 아니라 브로커에게 이미 지급했던 비싼 수수료를 되돌려 받기도 힘들기 때문이었다. 오히려 브로커들이 보복으로 당사자들을 이민국에 신고

하는 날에는 그들은 국제미아가 되어버리기 십상이었다.

더군다나 이곳 호주에 와서 일단 애를 낳고 보자는 소위 '원정출산' 역시 극성을 부리던 때였는데, 결국 나중에는 그 아이가 시민권자로서 부모를 다시 초청할 수 있다는 계산이 깔려 있었기에 그 기세는 쉽사리 수그러들지 않았다.

1980년대 중반에 개정된 호주 이민법에는 '부모 중 최소한 한 명 이상이 영주권자라야 새로 태어나는 아이가 시민권을 취득할 수 있다.'라고 명시되어 있었다. 그러나 "아이를 호주 현지에서 낳기만 하면 미국과 같이 '속지주의 원칙'에 따라 시민권을 자동으로 부여한다."라는 이민 브로커들의 사기행각에 말려들어 본의 아니게 아이를 일단 이곳에서 낳고 보는 기가 막힐 일들이 비일비재했다. 더 나아가 '미국 영주권을 로또 추첨식으로 결정하여 비자를 발급한다.'라는 사기 광고가 유력 일간지를 포함하여 교민신문 등에도 버젓이 횡행하던 때였다. 소위 '소장수'라고 일컬어지는 이민 브로커들의 비리가 극에 다다르고 있는 느낌이 들었다.

모로코의 독특한 입국 심사

2009년 8월. 어제 하룻밤을 묵었던 스페인의 '알헤시라스'에서 오늘 아침 9시 모로코의 '탕헤르'로 가는 페리를 탔다. 갑판에서 느끼는 여름의 푸른 지중해는 푸근하게 나를 감쌌다.

영국에서 소방관을 한다는 30대 중반의 영국 남성을 마침 페리 갑판에서 만나 서로 여행 정보를 교환했다.

"모로코 여행계획은 어떠세요?"

"4주의 휴가 기간에 모로코 유적지를 다 돌아볼 계획입니다."

그는 나에게 대답한 후 열심히 말을 이어나갔다.

"모로코 경찰입니다. 여권을 보여주시기 바랍니다."

어떤 모로코 현지인이 우리에게 다가와 여권을 보자고 요청했다.

"무슨 일이세요? 아직 모로코에 도착도 하지 않았는데요."

영국 남성이 그에게 물었다.

"저는 페리 안에 상주하는 모로코 경찰입니다. 탑승객 모두의 여권을 일일이 확인한 후 선상에서 입국 도장을 미리 찍어줍니다."

우리는 여권을 그에게 보여준 후 입국 도장을 받았다.

"보통 유럽대륙의 스페인에서 아프리카 대륙의 모로코로 가는 페리를 타면 이처럼 입국심사가 간소화되어있으나 반대로 모로코에서 유럽으로 갈 때는 입국심사가 아주 까다롭습니다."

그는 여권을 돌려주면서 이렇게 말했다. 이는 아마도 불법 이민자의 유입을 사전에 차단하려는 의도라고 짐작되었다. 페리 밑에 몰래 숨어 밀항하다가 발각되거나 사망하는 모로코 청년들의 가슴 아픈 사례가 실제로 TV 뉴스나 신문기사에 가끔 실리곤 했다.

페리 선상에서 모로코 방향을 바라보니 하얀 건물들로 이뤄진 아담한 도시가 서서히 시야에 들어오기 시작했다. 모로코로 들어가는 진입로이자 항구도시인 탕헤르 항구였다.

2004년에 개봉했던 톰 행크스 주연의 영화 [터미널The Terminal] 장면이 주마등처럼 스쳐 지나갔다.

주인공은 이름도 모를 작은 나라를 떠나 미국에 도착했으나 입국심사에서부터 문제가 발생한다. 그렇게 1년 가까이 공항 환승라운지에서 지내게 되면서 주인공은 그 폐쇄 공간인 공항 내에서 스스로 생존하는 법을 배우게 된다. 이것이 이 영화의 요약 내용이다.

최근 한국에서도 이와 유사한 사례가 있었다. "본국에서의 박해를 피해 망명했다."라고 주장하는 콩고 출신 앙골라인 '루렌도 가족'은 2018년 12월 인천공항에 도착한 직후 입국이 불허되었다. 2019년 1월 한국 정부가 '난민 인정 심사 불회부 결정'을 내리는 바람에 이 가족 부부와 어린 4명의 자녀들은 '인천공항 탑승동 46번 게이트' 부근 면세구역 환승 편의시설 한쪽에서 먹고 자면서 지내왔다.

이 가족은 서울고등법원의 판결로 '난민 인정 심사를 받을 기회'를 얻어 한국에 도착한지 287일 만인 2019년 10월 11일, 드디어 인천공항 안 생활을 청산하고 출국장 밖으로 나올 수 있었다.

또한, 2018년 5월 제주도에 예멘 출신 난민 약 500명이 들어오면서 한국에서는 난민 문제에 대한 논란이 일었다. 한국에는 예멘 외에도 에티오피아, 이집트, 미얀마, 콩고 등 세계 각국에서 온 난민들이 존재하는 것으로 알려져 있는데, 참고로 UN은 지난 2015년 난민에 관한 관심을 촉구하기 위해 '세계 난민의 날(6월 20일)'을 지정했다.

2019년 현재 트럼프 미 행정부의 적대적인 이민정책은 세계적인 논란을 불러일으키고 있다. 다른 나라의 여론은 무시한 채 마치 고장이 난 브레이크를 달고 질주하는 기관차처럼 미친듯이 앞으로만 달려가고 있는 모습이다.

그 방향은 첫 번째 불법 이민자를 막는 것과 두 번째 국가 안보에 위협이 되는 인물들을 추방하는 내용으로, 전자의 대표적 사례는 미국-멕시코 국경에서의 불법 이민자 문제이고, 후자의 대표적 사례는 2003년 이라크 침공 이후 미국이 추진해온 자국 내 거주 이라크인에 대한 강제추

방 정책이다.

현재 한국에도 제3국 등지에서 온 수많은 불법 이민자가 있지만, 아직 한국인에게는 이민자 문제가 피부에 직접 와닿지는 않는 것 같다. 하지만 자기의 그림자까지 버리고 자국을 벗어나고자 하는 불법 이민자, 또는 난민들의 처절한 몸부림은 분명 우리가 풀어야 할 숙제이다.

동성애자

1994년. 호주 시드니 중심 번화가에서 동성애자 축제를 지켜보았다.

남반구의 엷은 직사광선도 어느 정도 힘이 빠질 때쯤이면 세계 동성애자들의 축제인 '마디그라Madigra'가 브라질의 삼바축제를 연상케 하는 규모로 밤새 펼쳐진다. 시내의 옥스퍼드와 플린더스 스트리트Oxford & Flinders Street의 장장 6㎞에 달하는 거리를 세계 각국에서 온 만 명 이상의 참가자들이 놀라운 규모를 자랑하며 행진했다.

반짝거리는 의상을 입고 춤추며 행진하는 동성애자들, 화려하게 장식한 차량, 쿵쿵거리며 가슴을 울리는 음악, 동성애자를 상징하는 무지개 깃발의 등장과 함께 행진이 시작되었다. 즐거움, 유쾌함 그리고 경박한 분위기가 공존하면서 그들만의 자부심과 다양성 수용이라는 진지한 메시지를 담고 있었다. 이 행진은 레즈비언, 게이, 양성애자, 성전환자 등의 성소수자를 세상에 알리는 데 그 목적이 있으나, 매년 이 행사에 대해 찬반양론으로 호주 전체가 매우 시끄럽다.

그런데도 박애 정신에 근간을 둔 다수의 지지파가 국제사회를 설득하여 매년 전 세계 동성애자들의 전폭적인 지지 아래 행사 규모가 더 커지며 그 위세를 떨치고 있었다. '동성애자 결혼의 합법화' 문제도 마찬가지로 이맘때면 여론에 단골 메뉴로 등장하곤 했다.

이번에도 약 50만 명 이상의 시민들이 대낮부터 대로에 자리를 잡고 이 행렬을 보기 위해 진을 쳤다. 관람객들은 조금이라도 더 이 행렬을 잘 보기 위해 플라스틱 우유 상자를 가지고 와서 그 위에서 까치발을 하고 군중들의 어깨너머로 이 행렬을 보는 모습은 이제는 어느 정도 나에게도 익숙해졌다.

이날 행렬에는 동성애자 국회의원, 목사, 연예인 등 사회 저명인사들이 맨 앞의 차량 행렬에서 퍼레이드를 선도하면서 길거리에 운집한 군중들에게 손을 흔들며 행사의 열기를 더욱더 고조시키고 있었다. 수백 명의 동성애자가 짙은 무대화장을 한 채 로마 시대의 병정 모습 또는 [플레이보이Playboy]잡지의 겉표지에 나옴직한 외설적인 모습을 연상케 하는 복장을 한 채 마치 한 편의 영화를 보는 듯 일사불란하게 움직이며 갖가지 모습을 연출해내고 있었다.

대부분 서구에서 참석했으나 행진 행렬의 끝에는 대형 태극기를 이리저리 흔드는 한국인 동성애자들을 포함해서 또 다른 수십 명의 동양인 동성애자들도 눈에 띄었다.

나이트클럽에서나 들을 수 있는, 가슴을 통째로 쿵쿵 울리게 하는 그러한 현란한 음악이 모든 군중의 정신을 쏙 빼놓기 시작했다. '평소 본국에서는 접할 수 없는 이 장면을 직접 눈으로 확인하기 위해 세계 각국에서 몰려든 관광객으로부터 벌어들이는 수입 역시 상상을 초월한다.'라는 호주관광청의 발표가 뇌리에 떠올랐다.

나는 이 진기한 행렬을 열심히 사진기에 담고 있었는데 행진의 선도행렬 앞에서 군중들에게 손을 흔들고 있는, 눈에 많이 익은 얼굴을 발견했다. 바로 '킹스포드' 목사였다. '독신인 그가 동성애자였다.'라는 결론에 이르자 갑자기 내 마음이 뒤죽박죽 혼란스러워졌다.

내가 처음 호주에 와서 시드니의 유흥지인 '킹스크로스'에서 아르바이트를 할 때 그곳 맥도날드에서 그와 처음 만났었다. 언젠가 나에게 연락을 하면서 "자기 집으로 같이 갑시다."라고 계속 치근덕거리던 이유를 이제야 알 수 있었다. 한번은 그의 초대를 뿌리치지 못한 채 마지못해 그의 집에 갔었다. 그가 점심으로 중국 음식을 배달시킨 후 배달음식을 기다리는 동안 소파에 앉아있는 내 어깨를 만지는 척하면서 손을 자꾸 아래로 향할 때마다 그의 손을 뿌리치곤 했던 기억이 모두 되살아났다. 어느 크리스마스 때에는 그의 안내로 나와 함께 승용차 트렁크에 선물을 가득 싣고 인근 보육원에 가서 선물을 나눠주던 그 목사의 엄숙한 모습과 지금 군중 속에 파묻혀 손을 흔들며 동성애자들의 행렬 맨 앞에서 행진하고 있는 그의 들뜬 모습이 서로 겹쳐 나에게 묘하게 다가왔다.

마침 호주 대법원장을 지낸 덕망 있는 인사가 수차례에 걸친 아동 성추행 사건으로 언론에 오르내리고 있던 아주 미묘한 시기여서 그랬는지는 몰라도 동성애자 축제는 더 많은 언론의 집중조명을 받았다.

2013년 8월, 몰디브 여행 중에 만났던 동성애자가 머릿속에 떠올랐다.

나는 페리를 타고 몰디브의 수도가 있는 '말레 섬'으로 와서 공항으로 연결되는 또 다른 페리를 기다리고 있었다. 마침 정장 차림에 까만 서류가방을 들고 페리를 기다리고 있는 점잖게 생긴 40대 후반의 인도인 남성을 만나 이런저런 얘기를 많이 나눴다.

"사업차 몰디브를 한 달에 한두 차례 방문하는데 이번에도 사업차 왔다가 출국 차 지금 공항으로 가는 중입니다."

그는 차분하게 자기를 소개했다.

"저는 '게이'입니다. 그래서 아직 이성과 결혼을 하지 못했습니다. 아직도 동성애자에 대한 사회적 편견이 심해서 사회생활이 남보다 몇 배는 힘들어요."

나는 사회 편견과 싸운 동성애자 변호사 이야기를 다룬 영화 [필라델피아]를 기억 속에서 조심스럽게 끄집어내었다. '앤드류'는 능력 있는 변호사지만 동성애자이며 에이즈 환자이다. 그는 자신의 병을 숨기고 일에 승승장구하지만, 법률회사에서는 그가 에이즈 환자임을 알게 되자 그가 준비하던 소장을 교묘하게 숨기고 이를 빌미로 그를 해고한다. 이에 그는 소송을 제기하려 하지만 법은 동성애자에게나 에이즈 환자에게 공평하지 않다.

"여기는 필라델피아입니다. 형제애의 도시이며 자유의 탄생지로서 독립선언의 장소입니다. 제 기억으로는 그 선언문에는 모든 인간은 평등하다고 쓰여 있습니다."

이렇게 외치는 주인공의 절규가 영화 전체에 걸쳐 맥맥히 흐르고 있다.

시인 '사포'가 일단의 여성을 이끌고 활동하던 에게해의 '레스보스섬'은 여성의 동성애가 성행했다고 해서 '레즈비언'이라는 말의 어원이 되었다고 한다. 역사적으로 동성애는 각 시대 상황에 따라 허용되거나 묵인 또는 금지되어왔다. 그리스어로 사랑은 '에로스', '아가페', '필리아'라는 세 개의 단어로 표현된다. 중세 이전 고대 그리스나 로마 모두 성에 대해 상당히 관대해서 공공연하게 동성애가 이뤄졌으며 고귀한 형태의 사랑으로 여기기도 했다. 고대 그리스의 철학자 플라톤의 [향연]에는 '소년과의 동성애'를 찬미하는 표현이 있을 정도이다. 반면에 그리스도교나 유대교에서는 동성애를 죄악시하면서 이들에 대해서는 항상 싸늘한 시선을 유지해왔다.

2013년 5월, '블라드 토르노비'라는 청년이 러시아의 볼고그라드에서 살해당한 사건이 있었다. 살해 동기는 그가 동성애자이기 때문이다, 라는 이유였다. 70년 전 2차 세계대전 당시 볼고그라드(스탈린그라드)는 소련군에 의해 20만 명 이상의 독일군이 몰살당한 주요 전투지였다. 용의자는 이 역사적이고 기념비적인 도시에 동성애자가 존재한다는 이유로 애국심에 상처를 입어서 벌인 행동이라고 항변했다.

우리가 간과하기 쉬운 역사적 사실은 독일 나치의 '인종 청소' 감시대상 명단에 유대인뿐만 아니라 수많은 폴란드인, 슬라브계 민족들, 집시, 정신장애자와 함께 동성애자도 포함되었다는 끔찍한 사실이다. 동성애자와 관련된 키워드로서 '잘못된 성역할', '불안정한 성정체성', '잘못된 경험', '동성애 포르노', '유전적 요소' 등등이 거론되며 현재도 갑론을박 논쟁의 중심에 우뚝 서있다.

그러나 이제는 분명한 것은, 동성애자에 대한 시각 역시 물 흐르는 대로 자연스럽게 자아ego를 버리고 포용성을 가지고 마음을 여는 것이 위에서 언급한 필라델피아[7]의 어원인 '형제애'에 부합하는 것이 아닐까?

---

7 '필라델피아'는 1682년 위리엄 펜이 그리스도교의 한 교파인 '프렌드회 퀘이커 교도'를 인솔해 조성된 마을이다. 교의로서 형제애를 이상으로 삼았는데, 그리스어의 '필(Philo, 사랑)'과 '아델피(adelphi, 형제)'에 라틴어 지명 접미사 '~ia'를 붙여 현재의 '필라델피아(형제애의 땅)'가 되었다.

인신매매

인신매매는 지구상에 인간이 존재하면서부터 그림자처럼 집요하게 따라다니는, 우리에게 너무도 귀에 익숙한 단어로서 '피지배 위치에 있는 사람의 인권을 전적으로 지배자에게 매도하는 행위'라고 정의되고 있다.

인신매매는 고대부터 제도화되었던 노예매매의 행태가 오늘날까지 새로운 형태로 발전하면서 탈법적으로 독버섯처럼 강하게 번져나가고 있다. 인간의 기본적 인권을 무시한 채 인간을 상품화하는 시스템은 옛날이나 지금이나 별반 다르지 않다. 자유와 인권이 강조되는 지금까지도 인신매매가 불법으로 판을 치고 있는 것은 '돈이면 무엇이든 다 된다.'라는 물질 만능 시대의 가치관 그리고 들불처럼 빠른 속도로 번지는 향락산업 등이 그 원인이라고도 할 수 있다.

우리가 잘 알듯이 인신매매의 유형으로는 주로 여자의 경우에는 성매매를, 남자의 경우에는 주로 섬이나 고기잡이배 등에서 강제노역을 강요당한다.

밤의 이상한 유혹

2009년 8월. 스페인 여행을 마치고 페리를 타고 모로코로 건너가기 위해 '알헤시라스'를 찾았다. 꽤 늦은 밤이어서 나는 일단 숙소를 찾기 위해 이곳저곳을 찾아다녔다. 그때 골목 어귀에서 40대로 보이는, 무대 배우처럼 짙은 화장을 한 현지 여성이 나에게 접근했다.

"하룻밤에 100유로만 내면 저하고 같이 보낼 수 있어요."

그녀의 핏기 가신 창백한 얼굴에는 언뜻 오늘 밤 손님을 받지 않으면 당장이라도 굶어 죽을 것 같은 비장함이 서려 있었다.

"노우!"

그녀의 제의를 단호히 뿌리친 채 앞만 보고 항구 쪽으로 걸어 내려왔다. 한참을 걸어 내려오다가 문득 뒤를 돌아다봤다. 그녀는 계속해서 나를 응시하며 한이 맺힌 저주를 퍼붓는 듯 혼자서 중얼거리고 있었다. 나는 그녀의 마법같은 유혹에서 벗어나는데 꽤 오랜 시간이 걸렸다. 이역만리 여행지에서 겪는 외로움과 함께 이성을 마비시키는 동물적인 본능이 스멀스멀 타고 올라오면서 거칠게 충돌했으나 결국 나는 마음의 평정을 찾아 다시 원래의 '나'로 돌아오는 데 성공했다. 이 여성의 경우 인신매매의 일종인 성매매가 '자발적인 생계형'인지, 아니면 '비자발적인 강제성'에 의한 것인지는 전혀 판단할 수 없었다.

어느 날 TV 채널을 이리저리 돌려보다가 문득 해외토픽 뉴스에 눈과 귀가 고정되어버렸다. 담당 여성 TV 앵커는 외국인 관광객의 유명 방문코스라는 유럽 네덜란드의 홍등가를 소개하고 있었다.

"이곳 노조는 출퇴근하면서 일하는 성매매 여성들의 임신이나 질병 등으로 인한 휴가, 생리로 인한 휴업 보상, 연금이나 기타 세제 혜택 등 그들의 인권 보호에 노력을 기울이고 있습니다."

마치 별나라 이야기를 접하는 것 같아 혼란에 휩싸였다.

노예무역의 거점, 탄자니아의 잔지바르

2018년 7월. 에티오피아의 '아디스아바바 공항'을 출발, 탄자니아의 수도 '다르에스살람(아랍어로 '평화로운 안식처'를 뜻하는 '다르살람'에서 유래함)공항'에 도착했다. 이곳에서 두어 시간 대기 후, 다시 국내선을 타고 탄자니아 동부 해상에 있는 탄자니아의 자치령인 '잔지바르 섬'으로 향했다.

잔지바르(검은 항구)섬은 아프리카 동부 아프리카 인도양에 있는 유구한 역사를 지닌 곳으로써, 지리적 이점을 이용해 노예무역을 포함해 일찍이 중계무역이 성행했고, 따라서 당시 아프리카, 아랍, 페르시아와 포르투갈 등지에서 다양한 민족이 이 지역으로 이주해왔다. 백 리까지 강한 향기가 풍겨서 백리향百里香이란 별명이 붙었던 정향丁香 향신료가 이곳의 경제를 1970년대까지 그럭저럭 유지해 주었으나, 현재는 지역 경제가 주로 관광산업에 의존하고 있다. 이곳에서 가장 널리 쓰이는 언어는 고도로 아랍어화한 '스와힐리어'와 영어이다. 물론 이곳에는 무슬림들이 많이 있기에 따라서 아랍어 역시 널리 쓰인다.

'잔지바르 공항'에 내리자마자 택시를 잡아타고 '스톤타운'을 찾았다. 스톤타운 입구에는 이곳이 유네스코 문화유산으로 지정되었음을 알리는 표지판이 큼직하게 눈에 다가왔다.

택시에서 내리자마자 사전에 예약한 숙소를 찾아 짐을 풀었다. 그러나 에티오피아를 출발, 탄자니아의 다르에스살람을 거쳐 이곳까지 오면서 걷잡을 수 없는 피로를 느껴 침대에 눕자마자 숙면에 빠져들었다.

노예무역의 고통을 각인하다

다음 날 아침. 숙소 창문을 열고 창밖을 내다보니 전형적인 아프리카의 골목이 내 눈앞에 펼쳐졌다. 아침 일찍부터 관광객을 실어 나르는 관광버스와 외국 관광객들의 물결로 거리가 분주했다.

아침 식사 후 시내를 찬찬히 걸었다. 미로 같은 좁은 골목 사이로 아랍의 정취가 훅하고 묻어났다. 골목을 경쟁하듯 채우고 있는 수많은 상점 그리고 아프리카 흑인, 아랍인 등의 문화가 서로 뒤엉킨 모습으로 나를 유혹했다. 오토바이를 타고 지나가는 현지 사람들, 과일을 팔고 있는 과일 가게 주인, 골목 어귀에 싸구려 옷을 쌓아놓고 행인들의 발걸음을 붙잡는 옷 장수 등의 모습이 정겹게 다가왔다.

아름답게만 보이는 이 잔지바르 섬 곳곳에는 역사적으로 내려오는 아픔이 맥맥히 흐르고 있었다. 나는 그 현장을 찾기 위해 '잔지바르 대성당' 방향으로 발길을 돌렸다. 우리에게 잘 알려진 탐험가 리빙스턴의 호소로 노예시장이 폐쇄된 후, 1973년 노예들의 한 맺힌 영혼을 달래기 위해 바로 이 대성당이 만들어졌다.

이곳은 노예를 매매하던 시장터로써 지하에는 노예를 감금하던 쪽방이 아직도 먹물 같은 짙은 어둠 속에 보존되어 있었다. 세계 각지로 아무 영문도 모르고 팔려나간 노예만도 약 100만 명 이상이라고 하니 나는 그 수치에 그저 어안이 벙벙했다.

약 두 평밖에 되지 않는 그 비좁은 공간에 노예들에게 쇠사슬을 채워 수십 명씩 가두어 두었다가 세계 각지로 팔아넘기는 노예상인들의 행태가

뾰족뾰족하게 내 마음에 각인되었다. 지하 곳곳에는 노예무역에 관한 그림과 상세한 설명이 빼곡하게 들어차 있었다. 하나하나 읽다 보면 시간이 언제 흘러가는지 모를 정도로 방대한 분량의 자료였다.

지하를 나와 대성당 뒤뜰로 나왔다. 이곳에는 당시 노예무역을 상징하는 조형물이 슬픈 모습으로 세워져 있었다. 내 눈앞에서 그들의 한 맺힌 절규가 용솟음치며 하늘을 헤집고 다니는 것 같았다. 나는 그곳에서 한참 동안 발걸음을 떼지 못했다. 아니, 움직일 수 없었다.

상당한 시간을 이곳에서 보낸 후 대성당을 나와 주변을 걸었다. 골목에서로 이어져 있는, 아라베스크 형태의 문양으로 장식된 건물과 골목을 오가는 무슬림들의 바쁜 모습을 보고 있으니 마치 내가 옛 아랍국가로 떠나면 시간여행을 하는 느낌이었다.

버린다는 것, 버려진다는 것

2010년 9월. 여행 첫째 날.

이번 여행일정은 인천-북경-덴마크 코펜하겐-폴란드 바르샤바-리투아니아-라트비아-에스토니아-핀란드 헬싱키-스웨덴 스톡홀름-노르웨이 오슬로-베르겐-덴마크 코펜하겐-중국 북경-인천으로, 상당한 장거리 여행이다.

장거리 여행을 갈 때마다 느끼는 것이지만 이번엔 좀 유난했다. 장장 10시간에 가까운 북경에서 덴마크 코펜하겐까지의 비행 여정에 질려 '다시는 장거리 여행은 하지 않겠다.'라는 다짐을 하곤 했다. 특히 이번 비행기 좌석은 저가 항공권 표라 그랬는지 비행기 맨 뒤에 있는 화장실 바로 앞에 좌석을 배정받아 승객들이 화장실을 이용할 때마다 화장실 악취가 펑펑 풍기는 자리였다.

더군다나 내 좌석은 10여 명의 중국인 단체 관광객들 좌석 한가운데 있어서 덴마크까지 가는 약 10시간 동안 서로 싸우듯 강한 중국어 발음 때문에 그야말로 시끌벅적한 시골 장터를 연상케 하는 최악의 여행이었다.

그 와중에 기내를 찬찬히 살펴보니 여승무원 중에는 60세를 훌쩍 넘겨 보이는 여성도 있었다. 그분은 특유의 군인 유니폼을 입은 채 기나긴 비행시간 동안 젊은 여승무원들도 힘들어하는 기내서비스를 무난히 완수했다. 그리고 한쪽 좌석에는 유럽에서 온 몇몇 입양 가족들이 자리하고 있었다. 이들은 북경을 방문해서 중국 입양아들을 데리고 돌아가는 길이었다. 입양아들의 모습을 보니 한쪽 귀 또는 코가 없거나 팔다리가 없는 등 대부분이 기형아였다. 이 아이들을 친자식처럼 사랑스럽게 가슴에 안고 보듬고 있는 이들 입양 부모들의 함박웃음이 한동안 마음속에서 지워지지 않았다.

버림받은 아이의 아픔을 노래하다

호주에서의 일이다. 교회 강당에서 열리는 연례 입양아 모임에 참석했던 때였다. 연단 맨 앞쪽에는 이 모임의 회장인 호주인 변호사 '리차드 Richard'모습이 눈에 확 들어왔다. 자기 자식을 버리는 비율이 세계 1위인 한국의 서글픈 현실을 감싸 안기라도 하듯, 이 모임에 참석한 13명의 한국태생 입양아들과 양부모들의 관계는 적어도 어색함이 없어 보였다.

더군다나 한 교민단체에서 이 모임을 축하하기 위해 준비한 흥겨운 사물놀이 가락은 형용할 수 없는 뭉클함과 함께 가슴속으로부터 전신을 타고 올라오면서 몸 밖으로 절규하듯 터져 나왔다. 우리 고유의 삼채가락에서 이채가락으로 바뀌다가 정점인 일채가락에 이르러서는 입양아, 양부모 그리고 기타 참석자들 모두 누구라 할 것 없이 흥겹게 뒤엉키어 덩실덩실 춤을 췄다. 호주인 입양 부모들의 서투른 춤은 귀를 찢는 꽹과리의 굉음에 이내 묻혀버리면서 전혀 어색하지 않게 나에게 다가왔다. 까만 머리의 입양아와 노란 머리의 양부모들 간에 오가는 유창한 영어 대화는 경쾌한 사물놀이 장단과 서로 양립할 수 없는 두꺼운 이질감의 벽을 서로 확인한 채 이곳저곳을 헤집고 다녔다.

사물놀이가 끝난 후 바로 이어 교회강당에서 조촐하게 다과회가 준비되었다. 오늘 참석한 입양아 중에서 나와 마주 보는 자리에 앉아있었던 초등학교 6학년인 '제시카Jessica'라는 예쁜 이름을 가진 한 여자아이에게 나도 모르게 몇 가지를 물었다.

"한국에 있는 엄마, 아빠 보고 싶지 않아?"

그녀는 처음에는 양부모가 앉아있는 쪽을 쳐다보면서 잠시 망설이더니 이내 입을 열었다.

"내 친부모가 비록 범죄자이든, 노숙자이든 간에 언젠가는 꼭 한번 만나고 싶어요."

이렇게 대답을 하는 그녀로부터 아까 봤던 그녀의 쾌활함은 전혀 찾아볼 수 없었고 대신 그녀의 눈시울이 금방 붉어지는 것을 볼 수 있었다. 그러고는 그녀는 감정에 복받친 목소리를 조심스럽게 가다듬더니 더듬거리는 한국말로 대답했다.

"언젠가 내가 엄마, 아빠를 만나게 되면 왜 나를 버렸는지 꼭 한번 묻고 싶어요."

나는 궁금한 질문이 더 있었으나 차마 끝까지 묻지 못하고 격한 감정의 기복을 느낀 채 강당 밖으로 나갔다.

한국에서는 가끔 뉴스 시간에 보도되는 '영아 유기', '입양아 수출'이라는 단어가 이제 낯설지 않게 다가온다. 그들이 보낸 유아기의 어두운 기억과 아픔을 나 나름대로 짐작해보려고 하지만 그 느낀 정도는 내가 당사자가 아니기에 그들이 직접 느끼는 현실과는 어쩔 수 없는 괴리가 있을 수밖에 없을 것이다. 입양 부모들의 해맑고 환한 얼굴 모습은 마치 거룩한 성자의 그것과도 같다.

'버린다는 것' 그리고 '버려진다는 것'은 사람을 포함하여 동물에서도 흔히 목격된다. 유기견이 생기게 되는 가장 큰 원인은 준비가 되지 않은 상태로 입양을 하려는 보호자에게 있다. 외롭다거나 또는 귀엽다는 이유만으로 동물을 키우는 행동은 절대적으로 해서는 안 된다.

어제의 반려견이 오늘은 유기견이 되는 현상도 '버린다는 것' 그리고 '버려진다는 것'의 의미를 깊이 생각하게 만든다. 모두 사랑의 부재에서 나오는 현상이다.

화려한 욕망과 모래성

전 세계적으로 '카지노' 하면 생각나는 대표적인 나라가 있다. 바로 모나코[8]다. 모나코는 총 수입액 가운데 대부분은 무역거래에 부과되는 세금에서 발생하며, 추가적인 수입은 카지노 독점판매권, 담배, 우표 등 국영독점산업 등에서 나온다. 모나코는 관광산업을 육성하는 국가다. 소수인 모나코 원주민에게는 도박행위가 금지되어 있으나, 대신에 세금 면제 혜택을 주고 있다.

2014년 9월. '몬테카를로 지구'부터 시작해서 '모나코 빌 지구'를 거쳐 '퐁비에이유 지구'를 걸어서 탐방하기로 했다.

모나코는 지형 자체가 조금 가파르고 언덕이 많아서 그런지 길가에는 편의를 위해 야외 에스컬레이터와 공공 엘리베이터가 여러 군데 설치되어 있었다. 마침 한낮의 더위가 30도를 웃도는 무더위가 엄습하여 땀을

8 면적은 매우 좁지만 현재 세계에서 가장 호화스러운 관광휴양지로 손꼽힌다. 언어는 공용어로서 프랑스어를 사용하고 있으며 이밖에 이태리어 및 영어 등이 사용되고 있는데, 모나코는 '프랑스어 사용국 기구(프랑코 포니)'의 정회원국이다. Munchen이 라틴어로 수도사를 의미하는 'Monachus'에서 왔기에, 지금도 역사를 중시하는 이탈리아인은 뮌헨을 '모나코'로 부르고 있어 헷갈릴 소지가 커서 주의를 요한다.

뻘뻘 흘리며 일단 항구를 따라 '몬테카를로 언덕'으로 힘겹게 걸어 올라갔다. 지형 때문인지 도로 대부분이 S자 형태로 구불구불했고 길을 따라 조성된 열대 야자수 나무들이 내 눈길을 사로잡았다.

엽서 속 그림처럼 언덕 위의 고급 저택들, 바다에 유유자적 떠 있는 호화 요트들, 눈 앞에 펼쳐지는 시리도록 해맑은 하늘, 그리고 에메랄드빛 지중해 바다 색. 더는 말로 표현할 수 없는 아름다움이 어우러져 이역만리에서 온 이방인을 화사하게 맞아주었다. 그레이스 켈리가 여왕이 되면서 전 세계적인 주목을 받으며 화려한 카지노로 특징지어지는 모나코의 '몬테카를로 해변'에는 세계 부호들의 요트와 고급 차들로 숨이 꽉 막힐 지경이었다. 말그대로 호화스러움과 세련된 느낌이 철저하게 전 도시에 흘러넘치고 있었다.

언덕을 다 오르니 그 유명한 '그랑 카지노'가 보였다. '샤를 가르니에'가 1878년에 건축한 이 카지노는 유서도 깊고 외관도 예술적으로 매우 아름답게 다가왔다. '몬테카를로 카지노'는 프랑스 대혁명 이후 '그리말디 가문'의 재정이 악화하자 이를 타파하기 위해 만들었다고 한다. 이로 인해 이 지역이 큰 발전을 이루었고 결론적으로는 현재 모나코를 먹여 살리는 효자 산업이 되었다.

도박에 관대한 국민성, 호주

보통 사람들은 카지노 하면 미국 라스베이거스를 제일 먼저 떠올릴 정도로 미국이 세계 최대의 도박 국가라고 생각을 하고 있으나 사실은 세계에서 도박을 가장 좋아하는 국민은 호주인이다.

호주의 각 주정부 세입의 10%는 도박으로 인한 수수료와 세금이고, 도박 중독자 역시 수십만 명에 이른다고 한다. 호주가 이렇게 도박을 좋아하게 된 역사적 배경으로는, 미국과 달리 호주 이민자에게는 윤리를 준수하는 청교도적인 배경이 없었다는 것이 가장 큰 이유로 꼽히고 있다. 더군다나 도박에 대해 그다지 부정적으로 보지 않는 문화가 지속해서 형성되었기 때문이다. 시드니의 대표적인 명소인 시드니 오페라하우스 역시 복권을 기금으로 조성하여 건설될 정도로 호주인들은 이 분야가 생소하지 않다.

호주는 주마다 카지노를 비롯한 클럽, 바, 펍Pub 등이 성황을 이루고 있고 아무리 조그만 동네 펍이라 할지라도 이곳에는 각종 포키 머신Pocky Machine이 설치되어 있어 누구든지 자유롭게 게임을 즐길 수 있다.

1990년대 시드니 카지노에서 도박하다가 모든 돈을 탕진한 한 중국인 유학생이 자살한 사건이 있었다. 호주 정부에 보상을 요구하는 '주 시드니 중국 유학생회'가 주관하는 데모가 연이어 개최되자 '호주 정부는 그 중국 학생의 장례비 등을 보상하는 선에서 이 사건을 마무리했다.'라는 언론 보도가 있었다. 이렇게 카지노를 둘러싼 잡음이 계속해서 이곳저곳에서 터져 나왔다.

"카지노에서 가산을 탕진한 몇몇 가정은 이미 파탄이 나서 몇몇은 이혼을 했고, 또한 몇몇 유학생은 부모가 보내온 등록금을 카지노에서 모두 날리는 바람에 비자 연장을 하지 못해 결과적으로 본의 아니게 불법체류자로 전락해서 한국으로 추방 위기에 놓였다."라는 소문에서 이곳 교민사회도 자유롭지 못했다.

호주 유학 당시 영어학교 후배들이 "시드니 카지노에 한번 놀러 갑시다."라고 제안했었다. 호기심에 다섯 명이 똘똘 뭉쳐 말로만 듣던 시드니 카지노에 가게 되었다. 카지노, 하면 왠지 모르게 마피아, 마약 아니면 제임스 본드의 '007시리즈 영화'가 제일 먼저 떠올랐다.

카지노 입구에 들어서자 직원들이 방문객들의 신분증을 일일이 확인한 후 회원증을 즉석에서 만들어 주었다. 우리는 엄청난 보물을 손에 쥔 양 회원증을 각자 받아 지갑에 소중하게 넣고는 카지노 안으로 들어갔다.

안내데스크 위에는 갖가지 브로슈어Brochure가 놓여있었다. 그중 한 부를 집어 들었다. 카지노게임에 대한 자세한 설명이었다.

'카지노게임은 크게 테이블게임Table Game과 슬롯게임Slots Game 이렇게 둘로 나뉘고, 테이블게임은 다시 블랙잭Blackjack, 바카라Baccarat, 룰렛Roulette 그리고 크랩스Craps 게임 등으로 구성된다.'라고 설명하고 있었다. 그러나 안내 책자를 아무리 읽어도 자세한 내용을 도무지 이해할 수가 없었다. 나와 이곳에 같이 온 영어학교 친구들 역시 무슨 내용인지 통 이해하지 못했다. 우리는 이왕 이곳에 온 김에 구경이나 실컷 하고 가려고 마음 먹었다. 마치 시골 촌놈들이 서울 구경을 온 것처럼 이곳저곳을 두리번거리느라 시간이 가는 줄 몰랐다. 정말 별천지였다. 우리는 카지노 내부 분위기에 흠뻑 매료되어 신이 나서 정신없이 돌아다녔다.

일곱 가지 색의 무지개보다도 더 찬란한 형형색색의 레이저 불빛, 원색의 화려한 실내장식, 쿵쿵거리며 마음을 들뜨게 하는 음악으로 압도적인 분위기를 연출하는 카지노 플로어Floor에는 포키 머신 수백 대가 스낵바 우측으로 끝이 보이지 않을 정도로 길게 직선으로 늘어서 있었다. 포키 머신 앞은 담배를 꼬나물고 연신 동전을 넣는 사람들로 북적거렸다.

반대쪽으로 가보니 각종 게임 테이블에는 게임에 몰두하는, 세계 각국에서 온 수많은 사람들로 넘쳐났다. 바로 뒤쪽 코너에 있는 조그만 라이

브밴드 무대에서는 이름 모를 4인조 밴드의 공연이 한창이었고 방문객들은 이곳에서 맥주를 들이켜며 음악의 선율에 몸을 맡기고 있었다. 카지노의 화려함은 끝도 없는 듯 보였다.

시드니 카지노는 차이나타운과는 가까운 거리에 있어서인지 고객의 과반수는 중국인인 것 같았다. 나머지는 호주 사람들과 각국에서 온 외국인들이었는데 동양인 중에는 한국인이 제법 많이 보였다. 사방을 둘러보니 셀 수 없을 정도로 많은 바와 레스토랑이 자리하고 있었고, 돈을 잃은 듯한 사람들이 초조한 모습으로 술잔을 기울이고 있는 모습도 간혹 눈에 띄었다.

게임의 규칙을 전혀 모르는 우리는 시골 장터 구경하듯 두어 시간 구경만 하다가 밖으로 나왔다. 이미 시간은 늦은 오후마저 훌쩍 넘겨 지평선 위로 내려앉은 초저녁의 석양이 그 자리를 대신하고 있었다.

나를 황금의 마법에서 벗어나게 해달라

한국에도 물론 외국인 전용 카지노와 내국인의 출입이 가능한 강원도 정선의 카지노가 있다. 이곳 도박꾼들의 마지막 말로에 대한 소식은 신문이나 TV 뉴스를 통해서 잊을만하면 터져 나오곤 한다.

사람의 욕심은 끝이 없어서 “좀 더, 좀 더!”하면서 ‘갈 데까지’ 자신의 욕망을 추구하다가 결국에는 비극적인 운명을 맞게 되는 것이다. 그리스 신화의 ‘미다스 왕 이야기’는 이러한 인간의 욕망과 어리석음을 잘 보여주고 있다. 현재의 터키에 해당하는 프리기아의 왕 미다스는 자신의 정원에서 술에 취해 비틀거리고 있는 반인반마半人半馬의 술의 신 시레노스를 농부들이 왕의 궁전으로 데려오자 미다스 왕은 한눈에 그가 술의 신

디오니소스의 양아버지임을 알아채고 열흘 동안 잔치를 벌여 정성껏 대접했다. 이 사실을 알게 된 디오니소스는 보답으로 한 가지 소원을 들어주겠다고 약속했다. 미다스 왕은 "제 손에 닿는 모든 것을 황금으로 변하게 해달라."라고 말했다. 디오니소스는 약속대로 그 소원을 들어주었다.

미다스 왕은 "나는 이제 이 세상에서 제일가는 부자다."라고 말하며 기쁜 마음에 진수성찬을 차리게 하여 성대한 파티를 열었다. 그런데 그가 잡은 포도주잔이 황금으로 변했다. 심지어 그가 식사하려고 손으로 집었던 빵, 고기, 청포도까지 모두 황금으로 변해 버려 결국 그는 아무것도 먹을 수 없었다. 이를 보고 그는 비탄에 빠졌는데 재앙은 거기에서 끝나지 않았다. 그가 사랑하는 딸과 포옹한 순간 딸이 황금으로 변해버렸다.

미다스 왕은 디오니소스를 찾아가 용서를 빌면서 자기 잘못을 뉘우치고 "마법에서 벗어나게 해달라."라고 애원했다. 디오니소스는 그의 소원을 들어주면서 그 방법을 알려주었다. "팍톨로스 강으로 가서 머리와 몸과 마음을 깨끗이 씻도록 하라." 미다스 왕은 급히 강으로 달려가 강물에 몸을 씻었더니 황금을 만들었던 권능이 없어지고 대신 강바닥 모래가 황금으로 바뀌었다. 팍톨로스 강에서는 엄청난 양의 사금이 나왔다.

욕망의 끝은 반드시 파도에 부서져 버리는 모래성과도 같다. 한 손에 움켜쥐었던 소중한 돈, 이런 재산은 손가락 사이로 스르르 빠져나와 사방으로 흩어져 버리는 모래알과도 같다.

조각상과 동상이 주는 의미

일반적으로 문화와 정치 후진국일수록 상하 계층 간에 엄격한 장벽이 많고 지도층 사회의 권위의식이 두드러진다. 더 나아가 자의적으로 남용되는 권력과 지위가 사회 분위기를 어둡게 하고 긴장시킨다. 덴마크를 방문하는 여행자들은 대부분 덴마크 국회의사당을 찾게 되는데 이곳 국회의사당 출입문 위쪽에 4개의 인물 조각상을 볼 수 있다. 턱을 괴고 괴로워하는 모습, 귀를 기울이는 모습, 머리를 쥐어뜯는 모습, 가슴을 움켜쥐는 모습의 조각상이다. 이렇게 턱, 귀, 머리, 가슴 등 네 가지 고통을 사실적으로 묘사한 이유는 바로 국회를 겨냥한 것이다. '국회의원은 국민의 말에 귀를 기울이고, 더 나아가서 국민의 고통을 자기 일처럼 온몸으로 같이 느끼면서 국민의 고통을 덜어주는 일에 머리를 싸매고 고민하라.'라는 의미이다.

이 조각상을 보면서 느낀 것은 권위를 다 내려놓은 겸손한 모습을 국회의원들이 손수 시민에게 보여주고 있다는 점과, 더 나아가 시민과 '소통'

을 할 준비가 이미 갖춰진 모습으로 다가왔다는 점이다.

우리가 잘 알고 있는 성인聖人이라는 단어를 찬찬히 살펴보면 남의 말을 '듣는 것耳이 먼저이고 말口은 나중에'라는 뜻글자로서, 이미 이 단어는 앞에서 언급한 '소통'과 밀접한 연관이 있음을 알 수 있다. 수백 년을 두고 의회 중심의 국가 운영체제가 잘 정착하고 안정된 유럽 국가의 의사당 앞에는 대다수 수많은 의원이 타고 다니는 자전거들이 자랑스럽게 세워져 있다. 서류가방을 자전거에 싣고 출퇴근하며 말 그대로 국민의 심부름꾼 임무를 진실하게 수행한다.

현재 대통령 관저로 사용되고 있는 체코의 프라하성은 모든 사람에게 무료로 개방하고 있다. 여기엔 국민의 목소리를 직접 듣고 싶은 깊은 뜻이 숨겨져 있다.

정복자의 동상, 반면교사로 남다

2010년 9월. 핀란드에서 한 동상을 마주했다. 핀란드를 침략한 러시아 대제의 동상이었다.

동상을 철거하자는 다수의 목소리에도 불구하고 이 동상이 건재하고 있는 이유는 '다시는 이러한 아픔을 잊지 말자.'라는 취지로 동상을 그대로 보존하였기 때문이다. 그러나 그 이면에는 핀란드 국민의 숙원인 핀란드어 사용을 허용하고 또한 오늘날의 국회에 해당하는 원로원을 핀란드 국민으로 구성하도록 정치적으로 배려한 알렉산더 2세의 통치에 대한 핀란드 국민의 호의도 작용했다.

광장의 주변은 북쪽의 헬싱키 대성당 외에도 동쪽에는 정부종합청사, 서쪽에는 헬싱키 국립대학, 남쪽에는 상가 건물들이 둘러싸고 있는데 광장바닥은 수만 개에 달하는 화강암으로 조성되어 있었다.

'부정부패 투명지수 1위' 국가답게 대통령 궁을 비롯한 정부청사 건물들이 매우 검소하면서도 시민들의 접근이 쉬운 곳에 있다. 후진국에서 흔히 볼 수 있는 철옹성 같은 건물에 철통 경비를 서는 모습은 적어도 이곳에서는 전혀 찾아볼 수 없다는 점이 큰 울림을 주었다. 핀란드 대통령이 마켓광장 앞에 대통령 궁을 세운 것 역시 서민과 더욱 친근한 소통을 위한 노력이 엿보이는 대목이다.

인간의 욕망과 동상에 관하여

2013년 9월. 나는 발칸반도 국가 탐방 일정에 마케도니아를 급하게 집어넣었다. 마케도니아[9]는 알렉산더 대왕의 사후에 벌어진 왕위 다툼 때문에 내부분열이 일어나게 되고 나중에는 유고슬라비아로 통합되었다. 오스만제국의 지배를 받아 그런지 현재도 유럽과 아시아의 색이 뒤범벅되어있다. 그리고 이곳에서 세르비아인들이 소수민족인 알바니아계 주민들을 몰살시킨 끔찍한 사건이 바로 '코소보 사태'이다.

우선 한국의 명동에 해당하는 마케도니아 광장으로 발걸음을 옮겼다. 알렉산더 대왕의 동상부터 시작해서 이름 모를 수많은 동상이 눈이 피곤할 정도로 여기저기 세워져 있었는데, 특히 알렉산더 대왕의 동상이 여럿 눈에 띄었다. 특히 말을 타고 있는 상태에서 검을 들고 호령하는 동상의 각도가 하늘을 향해 더 높이 서 있는 모습일수록 고난도의 기술이 필요할 뿐 아니라 또한 그렇게 함으로써 더욱 위엄을 보일 수 있다고 생각해서 그런지 다른 나라에서 봤던 동상들보다도 더 역동적으로 보였다.

9 마케도니아는 역사를 주름 잡았던 '알렉산더 대왕'과 세계의 어머니인 '마더 테레사'의 고향이자, 현재 러시아 및 CIS(독립국가연합)국가들이 사용하고 있는 '키릴문자'의 발생지이기도 하다.

이렇게 사방팔방에 눈이 어지러울 정도로 동상들이 많아도 너무 많은 데에는 이유가 있다. 마케도니아로서는 경제가 많이 침체하여 정부 차원에서 국민에게 정체성을 부여하고 국가적인 강령을 마련하여 돌파구를 만들고자 이렇게 엄청난 국가 예산을 투입해서 동상을 많이 건립했기 때문이다.

해외여행을 하다 보면 그 나라를 대표하는 조각상 또는 동상 일부분이 많은 사람이 만지는 바람에 살짝 훼손되거나 유난히도 반짝반짝 윤이 나는 것을 본 경험이 한 두 번은 있을 것이다.

크로아티아 '스플릿'의 디오클레시안 궁전 북문 맞은편에는 4.5m의 거대한 높이를 자랑하는 종교지도자 '그레고리우스'의 모습을 형상화한 동상이 있다. 동상이 후세 사람들의 존경이나 사랑을 받는 인물일 경우 사람들은 동상을 만지는 순간 자기도 모르게 동상의 인물이 활동했던 과거로 되돌아가게 된다.

만진다는 것은 무엇일까. 그것은 더 확연한 소통일 것이다. 켜켜이 쌓인, 거부할 수 없는 동상의 역사나 깊숙이 숨겨진 이야기를 먼 과거로부터 끄집어내어 현재의 자기와 '소통'을 하고 싶어 하는 인간의 본성 때문이다. 그 조각상, 동상 등의 숨결을 직접 느끼는 순간 그것들과 만지는 사람의 마음이 일심동체가 되어간다.

미켈란젤로는 이 조각상에 관해 한걸음 더 나아간 안목을 제시한다.

"모든 대리석은 그 내부에 저마다 조각상을 가지고 있으며 그것의 참된 모습을 드러내는 것이 조각가의 일이다. 최고의 예술가는 대리석의 내부에 잠들어 있는 존재를 볼 수 있다. 조각가의 손은 돌 안에 자고 있는 형상을 자유롭게 풀어주기 위하여 돌을 깨뜨리고 그를 깨운다."

조각상에 대한 미켈란젤로의 예찬에는 조각가라는 장인정신뿐만 아니라 조각의 재료인 대리석에 대한 정서, 더 나아가 철학까지도 포용하고 있다. 다시 말하면 돌, 철, 기타 금속 등의 조각 재료를 가지고 아무 생각 없이 조각상, 동상 등을 만들어 거리 이곳저곳에 세워서는 안 된다는 이야기다. 이것은 독재자의 동상들을 철거 또는 훼손한 문제로 시끌벅적한 작금의 한국의 상황에 자못 시사하고 있는 바가 크다고 하겠다.

의식과 방향성을 상실한 동상이나 조각상을 세우면서까지 과거 그들의 업적 등을 후대 사람들에게 남겨 분출하려는 인간 욕망의 한계는 과연 어디까지일까?

아찔했던 순간, 당신도 겪을 수 있는

1994년 5월.

미국 LA에서 런던으로 가는 S 항공기 안에서 실제 겪은 일이다.

약 한 시간 정도 날아갔을까? "기체에 이상이 발생해 비상 착륙지로 향합니다."라는 안내방송이 나오면서 기체가 불안정하게 흔들렸다. '아, 큰 사고가 났으니 이제 죽는구나.'하는 공포감이 순간적으로 밀어닥쳤다.

나는 많은 승객으로 꽉 찬 좌석을 찬찬히 휘둘러보았다. 뜻밖에도 모두가 숙연한 표정으로 침착하게 운명을 받아들이는 듯한 모습을 보였다. 조용히 서로의 어깨를 그러안고 기도하는 노부부가 보였고, 메모지를 끄집어내 유언을 쓰는 듯한 사람도 보였다. 소리를 지르는 사람도, 경악한 표정으로 항의하는 사람도 전혀 찾아볼 수 없었다.

그로부터 약 30여 분 정도 비행 후에 비행기는 미국 중부에 있는 어느 조그만 공항에 무사히 비상착륙을 했다. 초조하게 보냈던 그 30분이라는 시간은 나에게는 30년 정도로 길게만 느껴졌다. 그렇게 많은 해외여행을 하면서도 이런 경우는 처음 겪는 일이라서 그런지 나 역시 안절부절 어찌할 바를 몰랐다.

비행기가 공항에 무사히 착륙하자 실제 영화 장면처럼 기내에 있는 승객들은 서로 얼싸안고 안도의 환호를 외치면서 기장과 승무원들에게 열렬히 박수를 보냈다.

당시 수백 명의 승객 중 아마도 동양인은 나 혼자였던 것 같았다. 나는 비행기 착륙 후 안내방송에 따라 다른 승객들과 같이 일단 타고 왔던 비행기에서 무사히 빠져나왔다. 그러고는 공항에서 약 네 시간 대기 후 다른 대체 비행기 편으로 갈아타고 무사히 다음 목적지인 영국 런던으로 향했던 기억이 있다.

2016년 개봉된 [설리: 허드슨강의 기적]은 실제 비행기 불시착 사건을 그린 감동 실화 영화로서, 기장의 수기를 정리한 원작 [최고의 임무 Highest Duty]에 근거를 두고 있다.

불시착 사고에 대처하는 자세

2009년 1월 15일. 탑승객 155명을 싣고 뉴욕에서 출발한 'US 에어웨이즈 1549편'이 이륙한 지 얼마 지나지 않아 새 떼와 충돌하여, 엔진[10]에 이상이 생겨 더는 추진력을 내지 못하는 급박한 상황을 맞이하게 된다. 당시 42년 경력의 베테랑 조종사인 '설리'는 침착하게 대응하면서 허드슨강에 불시착하게 된다.

비행기 불시착 후, 기장이 차가운 강물이 허리까지 차오르는 상황에서

10 비행기에 사용되는 제트엔진은 바깥 공기를 안으로 빨아들여 이 공기가 연료와 섞여 타면 고온의 기체가 나오는 원리를 이용해 이를 밖으로 배출하면서 비행기가 앞으로 가게 된다. 일반적으로 민간 항공기는 '터보팬 Turbo-fan'형태의 엔진을 갖고 있는데 반해, 당시 콩코드 여객기는 '터보제트Turbo-jet'엔진으로 운항되고 있었다.

도 탑승객들을 다 내보내고 나서야 마지막으로 비행기에서 탈출한다. '탑승객 155명 전원 구조'를 공식적으로 확인한 후에야 비로소 안도하며 넥타이를 다시 매는 장면은 '세월호 사건'과 비교할 때 너무 깊은 울림과 감동을 주었다. 모두 자신의 위치에서 자기 본분의 역할을 다한 결과 이런 기적을 만들어 냈다.

2019년 8월 15일, 비행 도중 새 떼와의 충돌로 엔진 고장이 발생했지만 '옥수수밭 동체 착륙'이라는 기지를 발휘해 230여 명의 탑승 인원 전원의 목숨을 구해 러시아판 '허드슨강의 기적'을 재현한 러시아의 한 조종사가 화제다.

위와 같이 비행기 운항 중 최악의 상황이 닥쳤을 때 위기의 상황에서도 감정을 절제하고 질서와 인내를 보여준 사람들의 모습이 참 아름다웠다. 결국, 이에 대처하는 사람들의 반응이나 의식 수준은 사람마다 각자 그동안 살아왔던 문화적인 배경 등에 따라 달라지는 것은 분명한 것 같다.

반면에 비극으로 끝난 '콩코드Concorde 여객기 사고'도 있었다.

위험천만한 하늘길

2000년 7월 25일. 미국 뉴욕을 향해 프랑스 파리의 샤를 드골 공항을 이륙하던 콩코드 AF 4590편이 활주로를 달리다가 이륙한 지 채 2분도 안 돼 추락하는 안타까운 사고가 있었다. 10분 전에 활주로를 이륙한 미국 콘티넨털항공 여객기에서 떨어진 길이 40cm 가량의 쇳조각을 이 비행기가 밟자마자 타이어가 터지면서 연료탱크 역시 터져버렸다. 이어 랜딩기어의 전기선마저 날아가면서 화재가 발생하고 더 나아가 엔진 이상이 생기면서 결국 지상의 한 호텔에 추락, 유감스럽게도 109명에 달하는 승무원과 승객들 전원이 사망했다.

이 엄청난 사고를 유발한 쇳조각은 미국 콘티넨털항공 여객기의 엔진 덮개에서 떨어져 나온 부품으로 최종 결론이 났다.

만일 이물질이 우리가 타고 있는 비행기의 엔진에 빨려 들어가기라도 한다면? 이 경우 상상하기조차 싫은 끔찍한 사태가 예견되는 것은 당연하다. 따라서 공항 활주로에서 조류가 항공기 엔진에 끼어 들어가는 사태를 미연에 방지하기 위해 각국 공항 당국들이 노심초사하고 있는 이때, 최근 중국에서는 미신에 근거해서 무사한 여행을 비는 의식의 일환으로 여객기 엔진에 동전을 던졌다가 체포되는 승객이 잇따르고 있다는 보도도 있다.

그렇다면 한국의 영공에서는 아찔했던 순간은 과연 없었을까?

한국의 영공에서 아찔했던 순간

2019년 6월 30일, 제주공항을 이륙해 중국 상하이에 있는 푸동 공항으로 향하던 중국의 길상 항공 비행기가 오전 11시 10분께 갑자기 고도를 낮추기 시작한 사건이 있었다. 이유는 푸동 공항을 출발해 일본 나리타로 향하던 중국 동방항공 비행기가 너무 가까이 접근했기 때문이었다. 잠시 후 길상 항공은 관제를 담당하던 '인천 종합교통관제소ACC'에 동방항공 비행기의 접근에 따른 '공중충돌 경고장치 회피기동ACAS RA'[11]을 한다고 보고했다.

'회피기동'이 발생한 곳은 중국 상하이와 일본을 오가는 '아카라 항로

11 '회피기동'은 비행기끼리 공중에서 충돌하는 것을 방지하기 위해 안전상치가 지시하는 대로 고도를 낮춘다는 용어로서, 상대 비행기가 20~30초 이내에 충돌 구역으로 진입이 예상될 때 실시한다.

A593'로서 한국의 '비행정보구역FIR'[12]이 상당 부분 포함되었음에도 현실적으로는 일본과 중국이 관제권을 행사하고 있다. 실제 2018년 7월, 바로 이 항로에서 페덱스 항공기가 무단으로 고도를 상승한 사건이 벌어졌지만, 위기를 무사히 넘긴 적이 있었다.

한편 2019년 7월 25일, 항공기 경로 정보 웹 사이트로 유명한 스웨덴의 '플라이트 레이다24Flight Radar24'는 비행기로 꽉 들어찬 세계지도를 트위터에 공개한 바 있다. 이 지도는 7월 24일 단 하루 동안의 항공정보를 기록한 것으로서 이날 전 세계에서 무려 22만 5000번의 비행이 있었다고 발표했다.

'하늘길' 역시 땅 위의 도로처럼 항상 위험이 도사리고 있기에 '아찔했던 순간'은 비행기를 타고 밖으로 여행하는 사람들 누구에게나 앞으로 예고 없이 갑자기 찾아올 수 있다.

12 '비행정보구역(FIR: Flight Information Region)'은 운항 중에 있는 항공기에 안전하고 효율적인 각종 정보를 제공하고, 만일 항공기 사고 발생 시 수색 및 구조업무를 책임지고 제공할 목적으로 '국제민간항공기구(ICAO)'에서 분할 설정한 구역이다. 이는 점차 해당 국가의 영공 개념으로 확대되는 추세다.

아직도 악취가

100여 개국 이상을 다니다 보니 정확하게 표현할 수는 없지만 나라마다 자기만의 고유한 색이 있다는 것을 알게 되었다.

해외여행의 설렘은 공항 또는 역에 도착했을 때 더욱더 증폭되곤 한다. 그래서 힘들게 떠난 해외 국가의 관문인 공항 또는 역에서 보고 느끼게 되는 그 첫 이미지는 긍정적이든 부정적이든 여행자들의 뇌리에 영화를 보고난 후의 잔영처럼 평생 남는다.

어느 나라든지 그 나라 땅을 밟으면 특유의 이국적인 향기가 폐부로 확 들어오는 것을 느끼게 된다. 땅을 밟고 서 있는 나 역시 그 소중한 느낌을 최대한 만끽하기 위해 눈까지 지그시 감으며 한동안 그 자리에 서 있게 되는 경험을 몇 번이나 했는지 모르겠다.

따라서 당시 느꼈던 여행 단상들은 마음속 깊숙이 각인되어 수십 년이 지나도록 뇌리에서 사라지지 않기 때문에 당시 상황을 있는 그대로 묘사하듯 세밀하고 실감이 나게 떠올리게 되는 것 같다.

이 당연한 부당함

1989년 1월. 나는 난생처음으로 호주로 향하는 비행기를 타기 위해 김포공항에서 출국 절차를 밟게 되었다.

김포공항에서 시드니까지 가기 위해 S 항공사 카운터에 나를 배웅해준 친구를 뒤로하고, 약 30분을 기다린 끝에 드디어 내 짐을 부칠 차례가 되었다. 이때 40대 후반으로 보이는 S 항공사 소속의 안경을 쓴 남자직원이 나에게 다가와 내 여권을 한참이나 이리저리 살펴보더니 짐 부치는 것을 거부했다. 나는 무엇이 잘못되었나 싶어 그동안 내가 해외로 나가는데 도와주었던 몇몇 친구들의 모습들이 스쳤다. 입이 바싹바싹 타들어 갔다.

"맨 뒤로 가서 기다리세요!"라는 그의 요청에 나는 그에게 순순히 응할 수밖에 없었다. 그로부터 약 20여 분을 더 기다린 끝에 다시 내 차례가 돌아왔지만, 그는 나를 뱀같이 길게 늘어져 있는 탑승객들 줄 맨 뒤로 다시 되돌려 보냈다. 시소게임처럼 이러기를 몇 차례 하는 사이 비행기 탑승시간이 넘어서자 공항청사 스피커에서는 나를 찾는 마지막 안내방송이 귓가를 맴돌았다.

초조함에 떨고 있던 나에게 그 남자직원이 다가온 것은 그로부터 약 5분이 더 경과한 후였다.

"어이, 학생, 3층 화장실로 올라와요!"

그는 금속성 말을 짧게만 남긴 채 총총히 3층 화장실로 올라가 버렸다. 해외여행이 난생처음인 나로서는 무엇이 잘못되었나 싶어 다급하게 그를 좇아 3층에 있는 화장실로 올라갔다.

그는 3층에 있는 화장실 문 앞에 떡하니 서서 나를 기다리고 있었다.

"유학생인 것 같은데, 해외로 유학을 갈 정도면 먹고살 만한 것 같으니 우리 함께 더불어 삽시다."

그 남자직원은 내가 소지하고 있던 10년 이상은 족히 되어 보이는 갈색 지갑을 안경 너머로 뚫어지게 쳐다보면서 끈적끈적한 친근감을 나에게 표시했다.

나에게는 친구가 공항에서 헤어지기 전에 내 만류를 뿌리치고 억지로 주머니에 넣어준 미화 200달러가 전 재산이었다.

'이것도 다 내 것이 아니구나.'라는 생각에 이르자 무어라 형용할 수 없는 허탈감이 내 가슴 속으로 갑자기 엄습해오기 시작했다.

"아저씨! 내가 가진 것이 이게 전부이니 100달러만 가져가요."

나는 벌처럼 톡 쏘아붙이듯 비록 짧지만, 강한 어조로 내뱉었다. 마음 속의 응어리를 그에게 한껏 토해내고 싶었으나 빨리 이곳을 떠나야 하는 나로서는 여기까지가 한계였다.

미화 100달러를 챙긴 그는 잠시 머쓱해서 하는 표정을 지었다. 그러고는 그는 콧노래를 부르며 나를 앞세워 출국심사대 앞으로 거침없이 나아갔다. 숨이 막히도록 길게 늘어서 있는 승객들의 순서를 다 제치고 맨 앞으로 가서는 내가 먼저 출국 도장을 받게 했다.

마지막 순간까지 이렇게 나는 한국을 떠났다. '다시는 이 땅을 밟지 않겠노라.' 이렇게 굳게 다짐을 하면서 말이다.

당신 매니저를 불러 주세요

2009년 12월. 드디어 나는 터키 이스탄불 공항을 떠나 말로만 듣던 이집트 카이로로 향했다.

비행기 창문을 통해 내려다보니 멀리 화물선들이 분주하게 떠다니는 모습들이 점처럼 조그맣게 보였다. 거대한 아프리카 대륙이 서서히 자태를 드러내기 시작하고 비행기가 착륙할 때쯤 먼지로 뿌옇게 뒤덮인 카이로 시내가 한눈에 들어왔다. 벌써 숨이 확 막혀왔다. 카이로 공항에 내리자 공항 로비는 아프리카 '기니'라는 나라에서 온 연수생들이 장사진을 치고 있어서 글자 그대로 아수라장이었다.

그런데 공항의 이민국 직원들이 나에게 말도 되지 않는 질문을 계속하면서 입국을 지연시켰다.

"한국 사람들은 현금을 많이 갖고 다니죠?"

한 이집트 이민국 직원은 껌을 질겅질겅 씹으며 나에게 물었다. 질문 대부분이 돈과 관련된 내용이었다.

수년 전 출장으로 갔었던 러시아 모스크바[13] 공항에서 있었던 일이다. 우리 일행이 세관검사를 받을 차례가 되었음에도 아무런 이유 없이 계속해서 순서를 뒤로 미루었다. 이에 우리 회사의 현지 파견 직원이 세관 직원에게 소정의 돈을 집어주자 우리 일행은 검색도 받지 않고 산더미 같은 수화물과 함께 바로 세관 심사대를 통과할 수 있었다.

모스크바 공항 입국 시 겪었던 상황이 이곳 카이로 공항에서도 똑같이 그대로 재연되고 있었다. 돈을 요구하는 것이 틀림없었다.

"당신 매니저 좀 불러주세요!"

출입국 담당 직원에게 소리를 질렀더니 그는 마지못해 그냥 나가라는 시늉을 나에게 해보였다.

---

13 러시아의 수도인 모스크바는 원래 '습지'를 뜻하는 'mosk'와 핀 어로 '물'을 의미하는 'va'로 부터 유래된 말로 '습지의 강, 물'이라는 의미인데, '모스크바 강'이 성장의 중심에 있었기 때문이다.

부패한 관료

2012년 12월. 나는 '투니스 역'에서 공항까지 택시를 타고 갔다.

"튀니지 돈이 얼마나 남았습니까?"

공항 출국 절차를 밟고 있는데 출입국 직원이 물었다.

"조금밖에 남지 않았습니다."

나는 다른 곳을 쳐다보며 애써 외면한 채 대답했다.

"저에게 남은 돈을 주면 안 될까요?"

그는 내 눈을 쳐다보며 말했다.

나는 수많은 해외여행 중에 이런 경우를 처음 겪는 것도 아니기에 그의 말을 그냥 무시해 버리고는 한참 딴전을 피웠다. 출입국 직원은 아예 포기했는지 내 여권에 출국 도장을 쿵하고 찍어주었다. 나는 그로부터 여권을 돌려받자마자 뒤도 돌아보지 않고 탑승 게이트로 달려갔다.

만연한 부패에는 단호하게 대처하라

이번에 타고 갈 기차는 불가리아 소피아에서 출발해서 루마니아 부쿠레슈티를 경유, 러시아 모스크바 까지 며칠 동안 달려가는 러시아 소속 기차였다. 어제 내가 세르비아 베오그라드에서 불가리아까지 타고 왔던, 폐차 직전의 고물 기차와는 격이 많이 틀렸다.

나는 기차표를 끊으려고 매표소 직원에게 목적지를 말했다.

"열차 객실을 담당하고 있는 러시아 객실 담당 역무원에게 소정의 기차표 비용을 현찰로 직접 주시기 바랍니다."

매표소 직원은 기차표는 끊어주지 않고 이렇게 요청했다.

나는 그의 대답에 의아해하면서도 그가 안내한 대로 객실 담당 역무원을 찾아가서 돈을 내밀었다.

"돈을 더 주세요."

나는 돈을 더 달라고 요구하는 객실 담당 역무원의 요구에 화가 나서 역 매표소로 다시 돌아왔다.

"이번에 귀국하면 당신네 대통령에게 이 부조리한 상황에 대해 장문의 편지를 써서 항의할 예정입니다."

나는 단호한 표정으로 말했다.

"그러면 아까 그 객실은 취소하고 옆 객실로 다시 배정해줄 테니 객실 역무원이 돈을 요구하더라도 절대로 주지 마세요."

그때야 매표소 직원은 컴퓨터로 기차표를 검색해서 끊어주면서 아까와는 다르게 말을 바꾸었다. 나는 기차표를 손에 쥐고 이번에 새로 배정받은 객실로 갔다.

"침대칸을 배정해주세요."

객실 담당 역무원에게 기차표를 보여주며 좌석을 요청했다.

"원래 처음에 배정받았던 그 객실로 다시 가세요."

이번에 배정받은 새로운 객실 담당 역무원 역시 옥신각신했다.

"당신들, 이런 식으로 하면 당신들 정부에 공식적으로 항의편지를 쓰겠습니다."

나 역시 화가 나서 소리를 쳤다. 이 소동이 있고 난 뒤 조금 있다가 내가 타고 갈 침대칸이 비로소 배정이 되었다.

분쟁의 상흔

유고연방의 중추적 국가였던 세르비아가 발칸반도에서 유고슬라비아 전쟁을 일으켰다. 이 과정에서 '민족청소'라는 반인륜적 전쟁범죄가 저질러져 엄청난 희생자를 양산하여, 결국 나토와 미국의 군사개입을 불러일으켰다. 2008년 2월에야 비로소 코소보가 독립을 선언할 수 있었는데, 현재도 세르비아와의 관계를 고려하여 눈치를 보는 바람에 약 70개국 정도만이 코소보를 독립국으로 인정하고 있다.

2013년 9월. 나는 코소보에 도착했다. 숙소도 정하지 않은 상태여서 일단 숙소부터 구할 요량으로 배낭에서 우산을 꺼내 들고 시내 쪽으로 방향을 잡았다. 나는 비바람 때문에 뒤집히려고 하는 우산을 한껏 부여잡았다. 마침 행인에게 가장 가까운 호텔을 물어본 후 그 사람이 가리키는 방향으로 한참을 걸어갔다. 가는 길이 온통 사람 키 정도의 대형 배수관 공사를 하느라 흙을 다 파헤쳐 걷기가 여간 불편한 것이 아니었다.

결국, 신발이 공사판 진흙탕에 빠지고 비바람에 우산살이 부러져 할 수 없이 그 비바람을 통째로 온몸으로 맞으면서 숙소를 찾아갔다. 저 멀리 호텔 앞에 서 있는, 자유의 여신상을 모방한 동상을 좌표로 삼아 그 방향으로 열심히 걸어갔지만 10분도 채 걸리지 않을 거리를 30분이나 걸려 겨우 호텔에 도착했다. 카운터로 가려고 문을 들어섰다.

"오늘 밤은 빈방이 없습니다."

마침 호텔직원이 정문으로 나오다가 나하고 마주치면서 대뜸 말했다. 천신만고 끝에 비바람을 헤치고 진흙탕에 발이 빠져가면서 어둠을 뚫고 이곳에 도착했는데 방이 없단다.

나는 한참 동안 멍하니 호텔 정문에 서서 어둠을 응시하다가 왔던 길로 되돌아 시내 중심가로 비를 맞으며 하염없이 걸어갔다. 다행히 반대편 멀리 '호텔'이라는 네온사인이 눈에 띄었다. 마치 구세주라도 만난 기분이었다. 깜깜한 길거리에서 행인을 마주치면 일단 고개를 돌려 외면하면서 호텔 쪽으로 열심히 걸어갔다.

약 30분간 비바람 속을 걸어, 드디어 호텔에 도착했다. 코소보의 탄생과정만큼이나 힘들게 온갖 어려움을 이겨내며 호텔을 찾을 수 있었다. 문을 열고 호텔에 들어서니 체크인 카운터 직원들이 있었다. 그들은 생쥐같이 비에 흠뻑 젖은 내 몰골을 머리끝부터 발끝까지 엑스레이로 스캔하듯 쭉 훑어보았다.

오늘 밤은 너무 지쳐있어서 일단 뜨거운 물에 샤워라도 하고 이 찜찜한 상황을 빨리 벗어나고 싶었다. 배낭여행자의 예산을 훌쩍 뛰어넘는 숙박비용을 눈감고 결제를 한 후 3층에 있는 방으로 안내를 받아 들어갔다.

나는 방에 들어가자마자 비에 흠뻑 젖은 옷을 전부 벗어 욕조에 넣고 비누를 풀어 발로 밟아 빨아 널고는 뜨거운 물에 샤워했다. 그동안의 긴장이 확 풀리며 기분이 한결 나아졌다. 나른함이 여독과 함께 엄습해왔다.

코소보여, 영원하라

다음 날 아침. 오늘은 어제의 폭풍우가 거짓말같이 싹 가신 파란 하늘이 나를 반겼다. 나는 가벼운 마음으로 호텔직원에게 시내 지도를 받아든 후 가려고 했던 장소를 볼펜으로 표시하고는 짐을 챙겨 나왔다. 코소보의 수도라고 해봤자 한국의 지방 소도시 수준이고, 곳곳에 재건을 위한 건축이 한창이어서 그런지 전체적인 분위기는 다소 어지럽게 보였다. 사람 키의 두 배만 한 큰 구조물로 'NEW BORN'이라는 글자형태로 조형물을 디자인한 장소가 눈에 띄어 잠시 머물렀다. "한국을 포함하여 코소보를 독립국으로 인정한 나라들의 국기들로 디자인을 했습니다."라는 설명을 현지인에게서 듣게 되었다. 아마도 이제는 코소보가 세계 국가의 일원으로 당당히 우뚝 섰음을 알리려고 하는 것 같았다.

시내 중심에 있는 'UN 평화유지군' 본부 건물을 보면서 아직도 분단 상태인 한국의 현실이 클로즈업되었다. 때마침 길거리에서 초등학생들을 만났는데 이방인을 무척이나 반겨주었다.

"동양인은 아주 드물게 봐요."

천진난만한 아이들은 이구동성으로 말하면서 자세를 취해주어 기념으로 사진 한 장을 같이 찍었다. 길거리에서 중학생 정도로 보이는 무리의 여학생들을 다시 만났는데 낯선 이방인에 대한 수줍음 때문인지 전부 까르륵하고 웃으면서 도망가기에 바빴다.

버스터미널에서 만났던 택시기사의 깊게 주름 잡힌 얼굴과 어린 학생들의 천진난만한 얼굴이 가슴에 따스하게 남았다.

골목을 다니다가 우연히 전자물품을 파는 상점을 지나쳤다. LG전자의 전신인 'Gold Star' 로고가 허름한 상점 창문에 붙어 있는 것을 보고는 조금 놀랐다.

수도인 '프리슈티나'에는 전 미국 대통령인 빌 클린턴의 동상이 세워져 있었고 '빌 클린턴 거리'도 조성되어 있었다. 아마도 코소보를 분쟁의 생지옥에서 벗어나게 해준 미국을 비롯한 우방에 고마움을 표시하는 징표이리라.

부근에 있는 커피숍에서 차를 한 잔 마시며 오랜만에 여유롭게 휴식을 취한 후 시내에 있는 대학캠퍼스로 발길을 돌려 캠퍼스 내에서 이곳 학생들의 진지한 학구열을 몸으로 직접 느꼈다.

한때 '세르비아 중세왕국'의 중심지였던 코소보, 그리고 세르비아와의 모질고 질긴 갈등으로 촉발된 동족상잔의 비극. 이에서 벗어나려고 몸부림치는 코소보에는 아직도 뼈아픈 역사가 현재도 진행형이었다. 반면에 이곳 사람들로부터 느끼는 진정 인간다운 따스함과 왠지 모를 짠한 감정이 뒤범벅되어 일종의 먹먹함까지 느껴졌다.

글로 남기기보다는 그저 마음으로 받아들인 코소보. 그래서 글로써 표현하는 데에는 한계가 있었다고 애써 변명해본다. 코소보 내에서 알바니아계와 세르비아계의 알력다툼이 사람들 마음속에 켜켜이 쌓여있어 언제 폭발할지는 모르겠으나 나는 마음속으로 이들을 위해 기도를 했다.

"Viva Kosovo!!!(코소보여 영원하여라!!!)"

하늘을 걷다

1990년 9월. 여행 첫째 날.

태국 방콕 공항을 떠나 '로열 네팔' 비행기로 네팔의 수도 카트만두로 향하고 있었다. 기내 방송을 통해 기장의 안내 방송이 스피커를 통해 흘러나왔다.

"오른쪽 창가를 내다보면 그 유명한 에베레스트산을 포함하여 히말라야 산맥을 볼 수 있습니다."

나는 유감스럽게도 비행기 복도 쪽 좌석에 앉은 탓에, 히말라야산맥의 웅장한 광경을 보지 못한 것이 무척 아쉬웠다. 나는 피곤함을 떨치려고 눈을 잠시 감았다가 스튜어디스의 도착 안내 방송을 듣고는 이내 눈이 떠졌다.

한국의 지방공항 같은 아담한 카트만두 공항에 내리니, 아직도 소비에트 공화국의 붉은 문양이 그려진 '아에로플로트' 비행기가 계류장에서 제일 먼저 눈에 띄었다. 이곳은 아직 북한의 영향이 많이 남아있는 곳이라는 이야기를 접하고는 약간 긴장되었다.

공항 로비 여기저기 널려있는 수많은 여행사의 안내문들이 여행자들의 시선을 빼앗았다. 나는 산악인들이 주로 가는 '안나푸르나 베이스캠프' 일정은 포기하고 대신 카트만두 시내를 둘러싸고 있는 산맥을 따라 2박 3일간 트레킹을 하는 코스를 가기로 마음을 정했다. 덧붙여 영어에 능통한 현지 가이드(셰르파)를 동반하는 조건으로 여행사와 계약을 맺고는 사전에 예약한 게스트하우스로 향했다.

트레킹으로 도시를 털어내다

여행 둘째 날.나는 현지 셰르파와 이런저런 얘기를 하면서 카트만두 근교에 있는 산맥 트레킹 일정을 시작했다. 산길을 찬찬히 걸으니 도시의 번잡함은 어느새 머릿속에서 저 멀리 사라지고 말았다. 한번은 고즈넉한 산 중턱에 있는 추레한 민가에서 하룻밤 묵으려고 들어가서 숙박비를 지급했다. 잠을 청하려고 이불을 찾았다. 방 한구석에 포개져 있는 이불은 전쟁 때 폐허에서나 볼 수 있을 법한, 때가 덕지덕지 묻고 한쪽에 곰팡이가 피어 퀴퀴한 냄새가 나는 솜이불이라 차마 그대로 덮고 잘 용기가 나지 않았다. 결국, 입고 있던 옷도 벗지 못하고 그냥 자는 둥 마는 둥 비몽사몽간에 하룻밤을 보냈다.

만년설 위에 잠들듯이, 언젠가는

여행 셋째 날. 마침 황금빛 일출이 만들어내는 황홀한 광경이 만년설로 뒤덮인 광대한 히말라야산맥을 넘어 내가 묵고 있는 숙소까지 밀려들었다. 나는 어젯밤 잠을 설쳐서 그런지 몸이 천근만근 무거웠으나 여행일정을 늦출 수는 없었다. 오전 내내 셰르파와 같이 걷다가 점심 시간이 되어 산자락에 있는 허름한 현지인 식당을 찾았다.

이 민가 형태의 식당에서 제공하는 음식을 보니, 비위가 좋은 나 역시도 도무지 한 입조차 뜰 수 없을 정도의 비위생적인 환경에서 만들어지는 것이었다. 식사를 포기했다. 나는 배낭을 뒤져 배낭 속에 고이 보관했던, 기내식으로 받은 빵 한 조각을 먹는 것으로 식사를 대신했다.

오후에는 셰르파가 "좋은 곳이 있으니 보러 갑시다."라고 권해서 굴러다니는 게 신기할 정도로 너덜너덜한 트럭 형태의 버스에 몸을 실었다. 항상 그렇듯이 너무 많은 사람을 짐짝에 태우듯 가다 보니 사람들끼리 숨 한번 제대로 쉬지 못하고 서로 피부를 맞댄 채 목적지까지 가야 했다.

한참을 달려가고 있는데, 반대쪽에서 사람을 가득 태운 버스가 이쪽으로 다가왔다. 버스 위에는 20대 중반으로 보이는 한국 청년이 하얀 전통 모시로 만든 옷을 입고 외국 배낭여행자들과 이런 저런 얘기를 하면서 지나가는 모습을 목격했다. 그는 거의 도인의 경지에 오른 듯한 넉넉한 표정을 지어 보였다.

"맞아, 나도 언젠가는 저 경지에 이르게 되겠지."

저 멀리 동네 어귀에 대나무로 만들어 놓은 그네가 정겹게 다가왔다. 마침 버스가 지나가자 그네에서 놀던 아이들이 우르르 몰려나와 풀풀거리는 먼지를 마다치 않고 버스를 좇아오며 이방인의 모습을 보는데 열중이었다.

천신만고 끝에 2박 3일간에 걸친 트레킹을 마쳤다. 그러나 그동안 찍은 일회용 필름 사진기를 열다가 '빛이 사진기 안으로 들어가는 바람에 힘들게 찍은 사진이 모두 없어질 수 있다.'라는 생각이 문득 들었다. 갑자기 머리가 하얗게 변하는 것 같았다.

"내 사진이 모두 빛에 노출된 것 같으니 우리가 걸어왔던 곳 중에서 중요한 장소만을 다시 방문해서 사진을 찍을 수 있겠습니까?"

내 말을 듣자마자 셰르파의 얼굴이 이내 일그러졌다.

"비용을 두 배로 드릴게요."

내가 다시 그에게 제안했더니 그의 얼굴에는 환한 미소가 번져 올라오면서 고개를 좌우로 흔드는 것 같이 보였다. 그의 반응을 보니 내 제안을 수락한 것인지 아니면 거절한 것인지 도통 알 수가 없었다.

여하튼 다리를 거의 끌다시피 지쳐있던 나는 그와 오늘 같이 갔던 곳 중 사진에 반드시 담아야 할 장소들을 다시 방문해서 열심히 사진에 담아냈다. 나는 어느 정도 사진을 찍은 후 약 한 시간을 기다려 덜덜거리는 버스에 올라탈 수 있었다. 워낙 사람들이 많아 겨우 까치발을 하고 발끝만 바닥에 디딘 채 승객들을 비집고 버스 안쪽으로 몸을 집어넣었다.

문제는 사람들이 너무 많이 타다보니 엉겁결에 내 몸이 40대 후반으로 보이는 현지 여성의 몸과 맞닿아 이리저리 옮기려고 해도 꼼짝달싹할 수 없는 기가 막힌 상황이 벌어졌다. 트럭같이 생긴 버스가 비포장도로를 달릴 때마다 요동치면서 모든 승객을 짐짝처럼 들었다 놨다 하는 모습이 상당 시각 계속되었다.

이 상황을 어떻게 벗어날 도리가 없었다. 그녀의 얼굴은 빨갛다 못해 거의 흑색이 다되어 있었다. 그러나 이런 상황이 익숙한지 그저 그러려니 하는 표정을 지은 채 모두 아무 말도 없이 버스를 타고 가고 있었다.

땀 냄새와 현지인 특유의 묘한 냄새가 범벅된 버스 내에서 사람들과 밀고 밀리는 사투는 약 5시간 만에 카트만두 공항에 도착하면서 가까스로

막을 내렸다. 안도의 한숨이 절로 나왔다.

그러나 이게 끝이 아니었다. 한 시간 후에 태국으로 출발하는 비행기의 출발시각을 확인하려고 로비 끝 벽에 걸려있는 항공일정을 확인했더니 당연히 나와 있어야 할 일정이 보이지 않았다.

"저기요, 방콕으로 가는 비행기는 언제 출발하나요?"

"조금만 더 기다리면 게시판에 일정표가 뜰 겁니다."

"예, 알겠습니다."

나는 조금만 기다리면 된다는 말만 믿고 체크인 카운터 앞 의자에 앉아서 눈을 감고 탑승을 기다렸다. 그런데 한 시간이 지나도 아무 소식이 없어 슬슬 화가 나서 다시 카운터에 가서 목청 높여 따졌더니 안쪽에서 한 남자 매니저가 문을 열고 나왔다.

"죄송한데 우리 항공기가 아직 정비가 끝나지 않아 지금부터 약 7시간 후쯤에나 떠날 것 같습니다. 죄송스럽게 생각합니다."

나는 그의 설명에 어안이 벙벙했다.

이 비행기 출발이 지연되면 방콕을 거쳐 호주로 들어가는 다음 비행기 일정까지 모두 동선이 꼬여버리기에 나는 공항 바닥에 앉아서 목청을 드높였다. 마침 같은 항공기에 탑승하는 승객들도 삼삼오오 내 곁으로 다가오면서 그 숫자는 순식간에 수십 명으로 불어났다.

"혹시 식사하지 않으셨으면 식사 쿠폰과 함께 숙소를 저희가 무료로 제공할 테니 이만 진정하시죠?"

그 매니저가 나에게 다가와 친절한 목소리로 달랬다. 나는 이 상황에서 달리 뾰족한 대안이 없어 할 수 없이 그의 제안을 받아들였다.

그로부터 약 7시간 후 태국행 비행기에 무사히 몸을 실은 나는 악몽 같왔던 이곳 네팔 여행을 하나하나 떠올리며 곱씹어 보았다. 이곳 네팔을 포함해서 인도의 일부 지역에서는 긍정일 경우 고개를 좌우로 흔들기에 나는 거절한 것으로 착각해 같은 질문을 되묻고 되묻는 황당한 경험을 몇번이나 하였다.

한번은 자전거를 몰고 비포장 길을 가다가 산길을 만나 바로 앞에 있는 상점에 잠깐 자전거를 맡기고 앞에 보이는 고개까지 걸어가려고 한 적이 있었다. 나는 상점 주인에게 자전거를 맡기려고 말을 꺼냈으나 그 상점 주인은 내 제안에 고개를 좌우로 흔드는 바람에 가벼운 혼란을 경험한 적이 있었다. 나중에야 이곳 일부 지역에서는 수락의 표시를 마치 거절의 표시처럼 고개를 좌우로 흔든다는 사실을 알게 되었다.

이런 실소를 머금게 하는 여행은 현재도 진행형이다.

생존을 위한 통조림

1989년 6월.

호주에 유학생 신분으로 있었던 나는 일주일간의 연휴를 이용하여 뉴질랜드[14]에 방문했다. 호주 시드니 공항을 이륙한 비행기는 약 4시간 걸려 뉴질랜드의 오클랜드 공항에 무사히 착륙했다. 오클랜드 공항은 한국의 지방공항같이 한적하기 그지 없었다. 공항에서 수화물을 찾는데 성인 크기의 마약 탐지견이 이리저리 코를 킁킁거리며 수화물 위를 오르락내리락하고 있었다.

"혹시 뭐가 잘못되었나요?"

마침 세관 여직원이 나를 응시하기에 물었다.

"아니요, 동양인은 이곳에서 아주 드물게 보는 까닭에 호기심에 나도 모르게 쳐다보게 되었어요."

14 천혜의 아름다운 자연 덕분에 생긴 '남반구의 정원'이라는 뜻의 '뉴질랜드'라는 국명은 네덜란드의 '제일란트Zeeland'주 이름에서 유래했는데, 그 이유는 이 섬을 맨 처음으로 발견한 유럽인이 바로 네덜란드 사람이었기 때문이다. 영어로 '뉴질랜드'라고 적기 시작한 것은 1769년 영국의 탐험가 '제임스 쿡'이 이곳을 탐험한 뒤부터였고, 이후 뉴질랜드는 영국 식민지를 거쳐 1907년 9월 26일 독립하였다.

그녀는 얼굴이 홍당무처럼 변하면서 대답했다.

"아, 예."

나는 공항을 나와 버스를 타고 시내로 들어갔다. 오클랜드 시내는 아담한 느낌으로 나에게 다가왔다. 허기 때문에 우선 식당부터 찾게 되었다. 식당이 밀집한 골목에 들어섰는데 40대 초로 보이는 뉴질랜드 현지인 남자 두 명이 아까부터 나를 쫓아오는 것 같아 일부러 다른 골목으로 방향을 바꿨다.

내가 걸음을 멈추자 그들도 동시에 걸음을 멈추고 상점의 쇼 윈도우를 보는 척했다. 영화에서 많이 보던 장면이 나에게도 닥쳤다.

"왜 아까부터 저를 쫓아오십니까?"

내가 다시 다그쳐 묻자 그중 한 명이 입을 열었다.

"우리는 이민국 직원인데 해외여행을 많이 한 사람들의 리스트를 출입국 사무소로부터 받아 추적, 관찰하고 있었습니다."

그는 상당히 난처한 표정으로 말을 꺼냈다. 그의 말에 내가 마치 마약밀수 조직원이라도 되는 듯한 느낌을 받아 어안이 벙벙했다.

"그 명단에서 임의로 여행자를 선정해서 밀착 체크하는 중인데, 지금까지 저희가 보기에는 아무런 문제가 없는 것 같습니다. 우리 행동이 실례를 끼쳤다면 죄송하게 생각합니다."

그는 정중하게 나에게 사과하고 돌아서서 골목을 빠져나갔다.

나는 그들로부터 처음에 느꼈던 뉴질랜드에 대한 부정적인 이미지는 어느덧 마음속에서 눈 녹듯이 사라졌다.

일단 근처에 중식당이 눈에 보여 식당으로 들어가 한국에서처럼 입맛에 익숙한 볶음밥을 시켜 먹고는 바로 옆에 보이는 모텔을 숙소로 정했다.

방으로 들어가 짐을 풀었다. 한국은 초여름이지만 이곳은 반대로 초겨울이었다. 한국에서 사용하는 단열재를 이곳에서는 쓰지 않아서 그런지 모텔 방 내부는 무척 추워 몸이 으슬으슬 떨리기까지 했다. 그래서 '아까 카운터에서 봤던 50대 후반으로 보이는 모텔 주인이 점퍼에 목도리로 몸을 둘둘 감싸고 있었구나.'라는 생각이 들었다.

여행지의 양면성

다음 날. 숙면을 취한 후 눈을 비비며 TV를 켜니 온통 긴급속보로 중국 북경의 '천안문 사태'를 조명하고 있었다. 나는 갑자기 마음이 먹먹해졌다. 한국의 '광주항쟁'처럼 군의 무자비한 무력진압으로 인해 수많은 시민, 학생 등 사상자가 속출하는 장면이 계속해서 방영되고 있었다.

이때였다. 모텔 주인이 방문을 두드렸다.

"헤이, 미스터 리!"

"무슨 일이세요?"

"중국 베이징에서 큰 난리가 났는데 괜찮아요?"

그는 내가 중국인이라 생각했는지 크게 걱정을 해주는 눈치였다.

"아, 난리가 난 곳은 중국이라 저와는 상관없지만, 그래도 마음이 좋지 않네요."

나는 이렇게 대답하면서 그와 대화를 나누게 되었다.

"내 아들은 호주 시드니에 있는 대학으로 유학을 갔어요."

잠시 숨을 고른 그의 얼굴에는 호주로 유학을[15] 보낸 아들에 대한 자부심이 잔뜩 묻어났다.

---

15 호주와 뉴질랜드는 'Trans-Tasman Travel Agreement'라는 상호 협약을 맺어, 예외는 있지만 양국 국민들의 자유로운 거주, 학업, 취업 등을 보장함으로써 양 국가 간에 서로 많은 왕래가 있다.

나는 모텔 주인과 대화를 마치고 주변 동네도 산책할 겸 식사를 하러 모텔 문을 나섰다. 마침 바로 옆에 식품점이 있어서 고등어 통조림[16]을 두 캔을 사고는 뉴질랜드 현지 식당에서 식사를 마쳤다.

식당을 나서서 한참 길을 걷고 있는데 뉴질랜드 원주민인 '마오리Maori족'으로 보이는 청년 두 명이 나를 툭 치면서 지나갔다.

나는 항의를 할 겨를도 없이 그들이 사라진 방향을 멍하니 쳐다봤다. 상의 주머니가 텅 빈 느낌이 들어 주머니에 손을 넣으니 지갑이 감쪽같이 없어졌다. 머릿속이 하얗게 변했다.

"큰일 났네, 내일부터 며칠간 여행을 해야 하는데 돈이 하나도 없으니 어떡하지."

아까 길에서 나를 툭 치고 갔던 마오리족 청년들이 가져간 것이 분명했다. 일주일 동안 머무를 모텔비는 선지급으로 계산해서 괜찮았지만, 여행경비는 고사하고 당장 내일부터 식사비조차 한 푼도 없다는 사실에 망연자실했다. 들떴던 여행 기분이 마치 바다의 썰물처럼 내 마음속에서 흔적도 없이 다 사라져버렸다.

모텔로 돌아온 나는 일주일 후에 시드니로 떠나는 항공권을 챙겼다. 배낭 여기저기를 뒤져 동전을 모으니 모두 20달러가 되었다. 지갑 안에 들었던 여행경비, 신용카드가 몽땅 없어져 버려 이 20달러를 가지고 이곳에서 오클랜드 공항까지, 그리고 비행기로 호주 시드니 공항에 내려 공항에서 집까지 가는 버스비로 남겨놓았다. 천만다행으로 여권은 그대로 주머니에 있었다.

---

16 최초의 통조림은 병으로 만든 '병조림'부터 시작했다고 한다. 나폴레옹의 유럽을 정복하려는 야심과 맞물려 파리에서 제과점을 운영하는 한 셰프가 이를 발명했다고 전해지는데, 나중에 영국 상인이 병 대신 양철로 된 용기를 사용하면서 오늘날의 '캔can'이 등장했다고 한다. 결국 이 캔의 등장은 전쟁의 승리로 이어지게 되었다.

아, 참! 조금 전 식품점에서 사 온 고등어 통조림 두 캔이 남아있음을 깨달았다. 나는 그래도 통조림이 있다는 사실을 위안으로 삼으며 잠에 빠져들었다.

자존심 때문에 굶주리는 여행자

다음 날 아침. 나는 눈이 일찍 떠져 TV를 트니, 어제에 이어 계속 '천안문 사태'를 긴급속보로 방영하고 있었다. 하지만 무척 허기져서 TV 화면이 전혀 눈에 들어오지 않았다. 나는 어제 산 고등어 통조림을 떠올렸다. 아무것도 없이 오롯이 고등어 통조림 한 캔을 따서 맨입으로 몇 개 건져 먹으니 속이 뒤틀리며 몹시 거북했다. 커피포트에 물을 담아 끓인 후 뜨거운 물을 마시니 속이 좀 가라앉았다.

밤이 되자 너무 허기졌다. 마침 옆집에서 요리하는지 맛있는 냄새가 코를 진동했다. 어려서 동네 부잣집을 지나가다가, 달걀부침을 만드는 냄새에 몇몇 동네 애들과 함께 까치발을 하고 그 집 주방 창문 너머 코를 들이대고는 침을 꼴깍꼴깍 삼켰던 기억 이후 처음으로 느끼는 고통스러운 경험이었다.

나는 온종일 모텔 방에서 아무것도 하지 못한 채 그저 시간만 보내다가 배를 움켜쥐고 자곤 했다. 시간에 대한 감각도 무뎌지기 시작했다. 아침에 해가 뜨면 하루가 또 시작되었구나, 라는 사실만 느껴졌다. 마치 교도소에 갇혀있는 죄수가 출소할 날짜만을 기다리며 벽에 붙어 있는 달력에 매일매일 동그랗게 표시를 하는 기분이었다.

이런 상황이 벌써 오늘로써 3일째다. 그동안 식사라고는 고등어 통조림만 아껴 먹었는데 이제 나머지 한 캔만을 남긴 상태였다. 나는 모텔 주인에게 달려갔다.

"하이! 미스터 리, 밖에도 나가지 않고 온종일 룸에서 뭐해요?"

모텔 주인은 여느 때처럼 반갑게 물었다. '돈이 없어서 꼼짝달싹할 수 없었다.'라는 얘기가 목구멍까지 올라왔다.

"죄송한데, 전화 한 통만 사용하면 안 될까요?"

나는 자존심 때문에 돈 얘기를 속으로 쏙 삼키고 말을 꺼냈다.

"항공사에 전화를 걸어 항공스케줄을 변경할 수 있는지 알아보려고 합니다."

나는 모텔 전화를 사용해 항공사에 전화를 걸었다.

"당신이 소지하고 있는 항공권은 할인가로 아주 싸게 구매했기 때문에 스케줄을 변경할 수 없습니다."

나는 부메랑처럼 돌아온 단호한 대답을 곱씹으며 어깨가 축 처진 상태로 방으로 도로 들어왔다. 결국 비상식량인 나머지 고등어 한 캔을 3일 동안 나눠서 아껴먹고는, 정신력으로 오클랜드 공항까지 가서 무사히 시드니로 향하는 비행기에 탑승할 수 있었다. 다시 말하면 6일 동안 아무것도 먹지 못한 채 고등어 통조림 두 캔만으로 버텼다는 이야기가 된다. 그래서 그런지 오클랜드에서 시드니로 향하는 기내에서 제공된 식사는 평생 잊지 못할 황홀한 한 끼였다.

생존을 위해 통조림을 먹는 그것밖에는 다른 방법이 전혀 없었을까?, 이 생각이 가끔 든다. 아마도 아무런 연고도 없는 호주 시드니에 '나 홀로 유학'을 온 지 얼마 되지 않은 시기여서 도움을 청할 수 있는 수단이 없었기 때문이었을 것이다. 그나마 알량한 자존심 때문에 주위에 손을 벌리지 못하고 혼자서 끙끙 앓으며 겪었던 웃지 못할 에피소드로서 오래도록 기억될 것 같다.

당시 뉴질랜드 여행 중 중국에서는 '천안문 사태'가 발생하여 수많은 시민과 학생들이 '생존'을 위해 목숨을 걸고 싸웠다. 나는 그때 이와는 전혀 다른 이유로 '생존'을 위해 오롯이 통조림만을 먹으며 약 일주일을 버텨냈다. 이후 지금까지 100여 개국을 다니며 예전처럼 기내에서 제공한 과자 등 간식을 최대한 아껴 모아놨다가 식사 대용으로 틈틈이 먹는 '스파르타식 가난뱅이 여행'을 계속해왔다. 그나마 하루에 한 끼 먹는 식사도 노점상이나 패스트푸드점에서 먹는 것이 일정한 패턴이 되어버렸다.

여행 단상 내용 중 언급된 중국의 '천안문 사태'를 떠올리니 마침 호주에서 같이 영어학교에 다녔던 중국 학생들 몇 명의 모습이 뇌리를 스치고 지나갔다. 이곳 호주에 도착한 이후 처음 몇 개월간 다녔던 영어학교 동기들은 마치 군대 동기들처럼 끈끈한 결속력을 과시하곤 했다. 우리는 가끔 '캠시'에 있는 한인 식당에 모여 삼겹살에 15달러가 넘는 국산 소주를 마시면서 온갖 고충을 밖으로 토해내곤 했었다.

그중에는 당시 중화인민공화국에서 온 여학생이 있었다. 그녀는 5년간 유효한 빨간색 표지의 중화인민공화국 여권과 2만 달러 넘게 들어있는 은행 계좌를 우리에게 가끔 자랑해 보이곤 했었다.

나중에 안 사실이지만 그녀의 아버지는 중국 공산당의 고급 간부라고 했다. 하긴 여기서 만난 언어 연수생 중 상당수가 중화인민공화국에서 왔는데, 이곳에서 실제로 접한 그들의 사고방식은 아이러니하게도 당시 한국의 암울한 현실보다도 더 자유분방하게 보였다. 나는 어릴 적부터 한국에서 일개 정치집단에 우롱을 당하며 살아온 것을 생각하면, 이들과 묘한 비교가 되는 것 같아 씁쓸하기가 그지없었다.

좌충우돌 여행

2011년 9월.

핸드폰으로 몇 시간 동안 고래고래 소리를 지르다 보니 목이 다 쉬어 버렸다. 사연인즉, A 항공 서울사무소를 통해 이미 인천-터키 이스탄불 왕복 항공권을 끊고 추가로 이스탄불-이집트 카이로 왕복 항공권을 끊기 위해 인터넷으로 예약하려고 했으나 인터넷이 잘 안되어 A사 본사로 직접 국제전화를 걸어 상담원과 예약과 결제를 마쳤다.

결제 후 나중에 항공스케줄을 확인해보니, 내가 한국에서 이스탄불에 도착하기도 전에 나중에 추가로 예약한 이스탄불-카이로 비행기가 더 먼저 출발하는 어처구니가 없는 상황이 발생한 것이다. 항공일정을 수정하기 위해 본사에 직접 전화를 걸었다. 전화를 걸 때마다 A 항공 콜센터에서는 "담당했던 상담원이 지금 자리에 없습니다."라고 하면서 전화를 계속 받지 않았다. 나는 약 10여 차례 전화통화를 시도하였음에도 불구하고 더는 통화할 수 없어 인내심이 한계를 넘어버렸다.

당시 상황을 설명하는 장문의 항의편지를 A사 본사에 이메일로 보냈다. 며칠 후 A사 서울사무소의 담당 여직원으로부터 연락이 왔다. 당시 생각만 하면 부글부글하는 감정을 주체할 수 없었지만 '서울 사무소 직원이 무슨 죄가 있겠는가.'라며 자신을 달랬다. 그로부터 약 3일 후 그 여직원으로부터 다시 전화가 왔다.

"우리 서울사무소 소장님이 선생님과 면담을 하고 싶어 하십니다."

나는 전화로 약속 시각을 정한 후 다음 날 부지런히 서울 시내에 있는 A사 사무소를 찾았다.

"우리 회사직원이 잘못한 점을 인정하고 이스탄불-카이로 항공권을 별도의 수수료 없이 다시 발권해드리겠습니다."

우여곡절 끝에 나중에 제대로 된 항공권을 받았으나 그동안 이 때문에 국제통화를 한 비용만 약 10만 원 이상 발생했다. 그러나 다 내 탓으로 돌릴 수밖에 없었다.

오늘은 말도 많고 탈도 많았던 그 항공권으로 터키 이스탄불로 떠나는 날이다. 마침 추석 연휴라 길이 시원하게 뚫려 공항리무진으로 강남에서 약 50분밖에 시간이 걸리지 않아 인천공항에 예상보다 일찍 도착했다.

나는 A 항공사 카운터에서 줄을 서서 탑승수속을 밟고 있었다.

"제임스 리 선생님! 제임스 리 선생님!"

항공사 여직원이 내 이름을 부르면서 매니저 데스크로 오라고 손짓을 했다. 나는 또 무슨 일인가 싶어 데스크로 달려갔다.

"우리 사무소 소장님이 선생님의 이코노미석을 비즈니스석으로 별도의 수수료 없이 승급시켜주라고 했습니다. 이곳에서 정해진 절차를 밟으면 됩니다."

나는 '인천에서 이스탄불까지 이코노미석에서 쭈그린 채 어떻게 약 12시간 동안 가야 하나'하고 걱정했었는데 갑자기 하늘 문이 활짝 열리는 기분을 느꼈다.

직원의 안내로 비즈니스석에 오르니 마침 내 옆자리에는 삼성 터키지사에 근무하는 터키[17] 현지 여자변호사와 또 한쪽에는 터키 외무성에 근무하는 터키 외교관과 자리를 함께하게 되었다. 나는 그들과 상당 시간 이런저런 이야기를 하면서 터키 이스탄불공항까지 무료하지 않게 갈 수 있었다.

당시 터키 이스탄불의 '아타튀르크 국제공항' 상공에서 내려다본 이스탄불의 새벽 모습은 보석 상자를 연상시켰다. 겹겹이 어지럽게 쌓아놓은 진귀한 보물들처럼 건물들은 저마다 빛을 발하며 나를 반겼다.

현지 시각으로 새벽. 공항에 무사히 도착한 나는 비즈니스석을 타고 편안하게 와서 그런지는 몰라도 다섯 번째로 방문하는 이 공항은 모처럼 넉넉한 모습으로 나에게 다가왔다. 인천에서 이스탄불까지 약 12시간 걸리는 장거리 비행인데 이번에는 약 10시간밖에 걸리지 않아 그나마 다행이었다. 문제는 평상시 새벽 6시쯤 도착하던 비행기가 이번에는 예상보다 빨리 새벽 4시에 도착하는 바람에 입국 절차를 마치고 아침 첫 전철 운행시간까지 몇 시간이고 기다려야 했다는 점이다.

차디찬 공항 로비 바닥에 마냥 쭈그리고 앉아있을수는 없어 할 수 없이 인근 커피숍으로 들어갔다. 마침 이곳에서 내셔널 지오그래픽에 근무하는 여성을 만나 이야기꽃을 피웠다.

17 '터키'라는 국명은 '용감한 사람'을 뜻하는 '튀르크'에서 유래했는데, '튀르크'는 오스만제국 시절에는 하층민을 주로 일컫는 말이었지만, 돌궐시절부터 터키민족을 의미하는 고유표현으로 사용되어왔다. 터키를 영어로 표기할 때 '칠면조(turkey)'와 철자가 똑같은 이유는, 터키 상인의 손을 거쳐 유럽에 전해진 '뿔닭'의 이름이 '터키'였는데 이 새와 생김새가 비슷한 칠면조를 서로 혼동하면서 칠면조도 터키로 부르게 되었다고 한다.

"저는 미국 뉴욕에 사는데 터키를 여행하기 위해 왔습니다."

그녀에게 내 여행카페에 올린 사진들을 보여줬다. 그녀는 내 여행카페에 관심이 많은 듯했다.

나는 운동으로 단단하게 단련된 그녀를 '철의 여인'이라고 농담 삼아 불렀지만, 결국 그녀도 피곤을 이기지 못하고 카페 좌석에 기대어 잠에 곯아떨어져 버렸다. 나는 서서히 전철을 타러 게이트로 나갔다. 이윽고 아침 첫 전철이 공항역에 도착하자 기다리던 사람들이 우르르 전철에 몸을 실었다.

술탄 아흐멧 지구에 도착한 나는 이곳이 성 소피아 성당, 블루모스크, 히포드롬 광장, 지하궁전, 고고학 박물관 등이 밀집해 있는 곳이라 내 마음은 부풀대로 부풀어 있었다. 이 모든 것 하나하나를 보면서 내 입에서는 저절로 탄성이 흘러나왔다. 블루모스크 위로는 아직도 잔별들이 빛났다. 폐부를 찌르는 맑은 공기, 어디선가 흘러나오는 처연한 아잔,[18] 그리고 밤새 비가 내렸는지 촉촉이 젖어 있는 돌바닥 등 모두가 경이로웠다.

나는 숙소를 찾기 위해 성 소피아 성당을 거쳐 블루 모스크 근처를 지나가고 있었다. 마침 반대편에 두 명의 동양 여성들이 이민을 갈 때 사용하는, 자기보다 더 큰 여행 가방을 낑낑 메고 오는 모습이 보였다. 가까이 가서 보니 한국 여성들이었다. 한 여성은 40대 초 그리고 한 여성은 50대 중반으로 보였다.

"한국 사람이시죠?"

"예."

---

18 아잔이란 일반적으로 이슬람교도들에게 금요일 예배와 하루 다섯 번의 기도시간을 알리는 소리를 의미한다. 아잔에는 '알라는 지극히 크시도다. 우리는 알라 이외에는 다른 신이 없음을 맹세한다.' 등의 내용이 들어있다. 아잔은 '무아진'이 행하는데, '무아진'은 성품이 좋은 사람 중에서 선택되어 모스크에서 일하는 집사 역할을 한다.

"반갑습니다."

그들은 제일 먼저 내가 등에 메고 있는 단출한 배낭을 힐끗 훑어보았다. 나는 현재 내가 멘 작은 배낭처럼 삶 자체도 내가 짊어질 수 있는 무게만큼만 짊어지고 살아야겠다, 라는 원칙이 평소 마음속에 있었다.

"짐이 많네요? 제가 좀 들어드릴게요."

짐이라고는 달랑 조그만 배낭 하나뿐인 나는 그들의 짐을 들어주겠다고 그들에게 제안했다. '짐 때문에 그들의 여행 동선이 꼬여 꽤나 고생하겠구나'라는 생각이 앞섰기 때문인지도 모르겠다.

"혹시 숙소는 예약하셨나요?"

"아직요."

나 역시 숙소를 구해야 했기에 그들의 짐을 끌고 다니며 함께 인근에 있는 저렴한 숙소 몇 군데를 찾아다녔으나 빈방을 구할 수가 없었다. 우리는 할 수 없이 번화가에 있는 제법 근사한 숙소를 찾아 짐을 풀게 되었다. 물먹은 솜처럼 피곤에 절어있던 나는 방구석에 짐을 던지듯 내려놓고는 침대에 눕자마자 잠에 곯아떨어졌다.

꼬리에 꼬리를 무는 낭패, 전력질주로 승부하다

그로부터 일주일 후, 이집트 카이로 여행을 무사히 마치고 카이로에서 이스탄불로 들어오는 비행기 안에서 항공권을 다시 확인해봤다. 이스탄불에서 인천으로 들어가는 비행기로 다시 환승 할 수 있는 여유 시간이 단 한 시간밖에 되지 않아 카이로를 떠나기 전부터 무척 조바심이 났던 터였다.

"환승 시간이 너무 촉박한데 무사히 갈아탈 수 있겠습니까?"

나는 항공권을 승무원에게 보여주면서 물었다.

"혹시 이 비행기가 늦게 이스탄불에 도착하더라도 다음에 갈아탈 비행기는 절대로 승객을 내버려 두고 떠나지 않습니다."

그는 오히려 나를 안심시켰다. 하지만 나는 시계를 보고 또 보았다. 오늘따라 비행시간이 더 길게 느껴졌다.

아니나 다를까. 내가 탄 비행기는 예정보다 30분 늦게 이스탄불공항에 연착하는 바람에 공항에 내리니 인천행 비행기로 갈아탈 수 있는 시간이 30분밖에 남지 않아 나는 환승 창구에서 보안 검색대를 거치려고 막 뛰어갔다.

"한국 인천으로 가는 비행기는 이미 탑승이 완료되었으니 다음 항공편을 이용하세요!"

보안요원이 무뚝뚝하게 나에게 말했다.

"항공사 승무원이 갈아타는 데 아무 문제가 없다고 했어요!"

나는 다급하게 소리를 질렀지만, 그는 단호하게 내 앞을 가로막아 섰다.

마침 공항 탑승구 창문 밖을 보니 인천으로 가는 비행기가 아직 탑승구를 폐쇄하지 않고 있어서 나는 뒤도 돌아보지 않고 탑승 게이트로 내달렸다. 내 뒤로는 영화장면처럼 보안요원 3명이 막 쫓아오고 있었다. 내가 탑승 게이트에 허겁지겁 도착하니 A 항공사 여직원이 탑승 안내대로부터 막 철수하고 있었다.

"여기요!"

나는 탑승권을 흔들면서 그 여직원을 향해 냅다 소리를 질렀다. 마침 그 여직원은 나를 보자마자 무전기로 비행기와 교신한 후 다시 탑승 안내대로 와서는 문을 열어 주었다.

"웰컴!"

내가 무사히 비행기 안으로 들어서니 승무원이 제일 먼저 반갑게 맞아주었다. 좌석을 찾아 들어가는 나를 뻔하게 쳐다보는 수많은 시선이 너무 따갑게 느껴졌다.

이렇게 A 항공사의 항공권 예매부터 우여곡절이 많았던 여행은 영화장면 같은 상황을 몇 번이나 연출하면서 무사하게, 극적으로 끝났다.

나의 선한 사마리아인

1990년 5월. 나는 홍콩 공항에서 호주로 향하는 비행기에 탑승하려고 탑승구에 늘어선 긴 줄에 합류했다. 탑승을 위해 항공권을 공항 여직원에게 보여주었다.

"출국세Departure Tax를 내지 않아 비행기를 탈 수 없습니다."

그녀는 탑승을 거부했다.

"이 노선에는 출국세가 적용됩니다."

나는 그냥 비행기만 타면 된다고 생각하고 항공권 이외에는 주머니에 있는 돈을 탈탈 털어 쓰는 바람에 주머니에는 단 1불도 없었다. 물론 신용카드 역시 지참하지 않았다. 탑승구가 폐쇄되는 시간이 얼마 남지 않아 나는 그녀에게 사정사정했다. 하지만 그녀는 단호하게 거절했다.

"공적인 문제이기에 어쩔 수 없습니다."

어쩔 도리가 없었다.

'한국 국적의 비행기를 타는 탑승구에 가서, 한국인을 만나 사정 이야기를 한 후 부탁해야겠다.'

나는 사람들에게 물어가며 공항 내 탑승구 중에서 한국행 국적 비행기를 타려고 줄을 서 있는 대열을 찾아 헤맸다. 마침 비즈니스 정장 차림의 40대 후반의 한국인이 눈에 띄었다.

"제가 출국세를 내지 못해 출국하지 못하고 있는데, 미화 20달러를 빌려주실 수 있으신가요?"

나는 그에게 다가가 사정 이야기를 한 후 정중하게 부탁했다.

그는 내 눈을 한번 보고는 서슴없이 지갑에서 미화 100달러짜리 지폐 한 장을 꺼내주었다.

"100달러는 너무 많고 20달러만 필요합니다."

"괜찮으니 호주까지 좋은 여행 되세요."

나는 탑승시간에 쫓겨 더는 그와 많은 이야기를 나누지 못한 채 급히 감사의 인사만 하고는 헤어졌다. 나는 그에게서 받은 명함 한 장을 주머니에 집어넣고는 내가 타고 갈 비행기 탑승구로 다시 달려갔다. 그리고 출국세를 내고 무사하게 호주행 비행기에 오를 수 있었다.

여행을 하다 보면 이처럼 예상치 못한 곤란한 상황이 생기지만, 또한 그 상황에서 벗어날 수 있도록 도와주는 '선한 사마리아 인'이 종종 나타나곤 한다. 이것은 만일 여행의 신이 있다면 그 신이 아직 나를 저버리지 않고 있다는 의미이기도 하다.

예기치 못했던 낭패

2009년 8월.

스페인과 포르투갈 여행을 거의 마칠 즈음 스페인 바로 밑에 있는 북아프리카의 모로코를 그냥 지나치면 너무 아쉬울 것 같아 예정에 없는 일정을 급히 만들었다. 모로코의 '탕헤르', '라바트'를 거쳐 우리 귀에 익은 카사블랑카에 갔다 오는 일정이었다.

지브롤터 해협을 사이에 두고 북쪽은 스페인, 남쪽은 모로코가 마주하고 있는 형국인데 모로코는 북아프리카 맨 왼쪽 위에 유럽대륙을 마주하고 있다. 비록 모로코는 이슬람 문화권이지만 튀니지처럼 과거 프랑스 식민지였기에 프랑스 문화의 잔재가 여기저기 남아있다. 아직도 불어가 통용된다. 덕분에 문화적인 융합이 복잡하게 이루어지면서 지금에 이르고 있는, 치명적인 유혹의 나라다.

여기가 바로 카사블랑카

여행 첫째 날.

모로코의 탕헤르 항구에 내리니 기온이 벌써 섭씨 33도를 웃돌고 있었고 얼굴에서는 벌써 땀이 나기 시작했다. 항구 밖으로 나가니 큰 택시(그란데)와 작은 택시(쁘띠뜨)의 택시기사들이 호객에 열을 올리고 있었다. 나는 8월의 불볕더위 때문인지 이미 몸이 지쳐있어서 조금이라도 시원한 바람을 쐬고 충전을 하고 싶었다.

페리에서 만난 영국 배낭여행자와 함께 항구 부근에 있는 공원으로 향했다. 공원에 오르니 나부끼고 있는 빨간 색의 모로코 국기 깃발들이 땡볕에 더욱더 무덥게 느껴졌다. 이곳은 생과일이 무척 싸기 때문에 과일을 많이 사 먹게 되었다. 또 '식수를 잘못 마셔서 고생하는 그것보다는 안전할 것 같다.'라는 생각이 들어서 과일을 사 먹게 되었다. 그 영국 배낭여행자와는 공원 벤치에서 과일가게에서 샀던 포도 한 송이를 서로 나눠먹으며 많은 이야기를 주고받았다. 그러나 우리는 여행 동선이 달라, 헤어지고 각자의 길을 떠나게 되었다.

나는 미로 같이 좁고 침침한 골목으로 구성된 '메디나'부터 시작하여 진정한 모로코의 냄새를 맡을 수 있다는 '수크(시장)'을 차례로 둘러봤다. 수크 안에 있는 정육점에 이르자, 이 불볕더위에 고기에서 나오는 역한 냄새가 옆 상점에서 풍기는 향신료 냄새들과 뒤섞여 뿜어져 나왔다. 나는 구토가 날 정도로 역겨워 더는 다닐 엄두가 나지 않아 일단 이곳을 빠져나왔다.

모로코는 다른 이슬람국가처럼 아랍 특유의 전통복장을 고집하고 있지는 않은 것 같았지만, 이슬람문화의 아이콘인 남녀차별이 아직도 여기저기서 느껴졌다.

8월의 한낮 불볕더위와 자동차에서 뿜어 나오는 매연 등 눈 앞에 펼쳐지는 시내 모습은 지난번 갔었던 이집트의 카이로 외곽과 같이 아수라장을 연출하고 있었다. 또한, 아랍 국가들을 다니면서 골목에서 만나는 사람들만큼이나 눈에 많이 띄는 것은 고양이였는데 이곳 역시 골목마다 고양이 천국이었다.

문제는 스페인에서부터 무엇을 잘못 먹었는지, 아니면 스페인에서의 40도를 웃도는 무더위에 열사병에라도 걸렸는지 먹기만 하면 계속 설사를 하였다. 이곳 모로코에 와서는 증세가 좀 괜찮을까 싶었는데 멈출 기세가 보이지 않았다.

게다가 아랍어와 불어를 쓰는 이곳에서 영어로는 소통이 제대로 되지 않아 보통 큰 낭패가 아니었다. 지금 이 순간 이곳에서 한국으로 되돌아갈수도 없고, 그대로 있자니 배를 움켜쥐고 화장실에서 살아야 했다. 약을 사고 싶어도 내 증상을 정확하게 아랍어로 표현할 수도 없고 불어 역시 배운 지 너무 오래되어 간단한 문장 이상의 회화에는 무리가 있었기 때문이었다.

갑자기 설사가 또 시작되어 한낮의 뙤약볕을 가로질러 제일 가까운 모스크로 일단 뛰어들어갔다. 화장실이라고 해봐야 옛날 한국 농촌에서나 볼 수 있는, 지독한 암모니아 냄새가 뿜어져 나오는 재래식이었다. 휴지는 없고 대신 뒤처리를 위한 것인지 플라스틱 대야에 한가득 물을 받아놓았다. 아마도 비데 대신에 그것을 사용하라는 것 같아 어쩔 수 없이 사용하면서도 내내 불편했다.

이곳 지중해에 접한 아랍 국가들은 지역으로는 아프리카권에 속하나 대부분 유럽 생활을 따르고 있었다. 또한, 불어 문화권도 제법 있어서 비록 아랍어를 못 하더라도 불어라도 제대로 구사했더라면, 하는 아쉬움이 가득했다.

수도 라바트에 도착하니 벌써 어둑어둑해졌다.

"이 근처에 숙소가 있습니까?"

행인에게 몇 번이나 물었으나 전혀 의사소통이 되지 않아 오늘 밤은 일단 카사블랑카로 가서 숙소에 구하는 것으로 여행일정을 급히 수정했다. 버스터미널에서 무사히 카사블랑카를 가는 버스에 올라 잠깐 눈을 붙이니 어느덧 깜깜한 밤이 되었다.

"헤이! 여기가 카사블랑카에요."

바로 옆에 있는 현지인이 나를 깨우는 바람에 나는 급히 배낭을 챙겨 한쪽 어깨에 짊어지고 버스에서 내렸다.

나는 배도 아프고 밤도 깊어 선택의 여지 없이 인근에 있는 중급호텔로 일단 들어가 체크인을 했다. 이곳은 다행히 영어로 소통이 되어 안심되었다.

"배탈약을 구할 수 없습니까?"

"오늘은 너무 늦었으니 내일 아침에 근처 약국을 소개해드리겠습니다."

나는 카운터 직원의 말을 듣고는 룸으로 들어갔다.

As time goes by

여행 둘째 날. 다음 날 아침, 파도 소리에 잠을 깼다. 어제 이 호텔에 투숙할 때는 깜깜한 밤이라 몰랐는데 창문 밖을 내다보니 대서양이 아침빛을 발하며 끝없이 펼쳐져 있었다.

나는 로비로 내려갔다.

"어제 말한 가까운 약국이 어디 있어요?"

"정문으로 나가서 왼쪽으로 약 5분 정도 걸어가면 약국이 있어요."

나는 그의 말이 끝나기 무섭게 부리나케 약국을 향해 내달렸다.

약국에 도착한 나는 약사에게 증세를 설명하고는 약을 사서 손에 들었다. 그제서야 사방을 살펴보니 이곳이 그 유명한 카사블랑카 휴양지의 해변이었다. 많은 사람이 모로코의 수도로 착각할 정도로 이미 모로코 최대의 도시이자 산업의 중심지로서 이름이 매겨진 카사블랑카[19]이다.

야자수가 길게 늘어선 해변을 따라가다 보니 맥도날드 건물이 보였는데 웬만한 식당보다 규모가 더 크고 많은 사람으로 북적이고 있었다. 나는 배가 아파 어제 오후부터 한 끼도 먹지 못해 이곳에서 햄버거와 오렌지 주스를 시켜 먹었다. 그러고는 아랍 세계에서 세 번째로 크다는 모로코의 아이콘이자, 카사블랑카의 자존심인 '하산 2세 모스크'로 발걸음을 옮겼다.

이 모스크는 바닷가에 세워져 있는 현대적 모스크로서 모스크 꼭대기까지 사진 한 장에 담기에는 무리가 있을 정도의 거대한 건축물이었다. 오늘따라 히잡을 쓴 현지 여성들이 가족과 함께 많이 나들이를 나왔다.

이 모스크에서 반나절을 보낸 후 영화 [카사블랑카]의 주요 배경으로 나왔던 릭스 카페Rick's Cafe를 방문했다. 카페에 들어가니 고전풍으로 꾸며 당시 분위기가 그대로 묻어 나오고 있었다. 2층 한쪽에서는 1940년대 프랑스 식민지 시대를 반영하는 영화 [카사블랑카]를 계속해서 틀어주고

---

19 '카사블랑카'라는 어원은 스페인어로 '하얀 집'이며 프랑스 식민지시대 때 '북아프리카의 유럽도시'로서 급성장했다. '카사블랑카'가 더욱 더 유명세를 탄 것은 '험프리 보가트'와 '잉그리드 버그만' 주연의 영화 [카사블랑카(1942)]가 공전의 대히트를 치면서부터였다.

있었다.

이 영화는 'As time goes by'의 주제가와 함께, 짙은 안개가 낀 공항에서 두 남녀가 마지막으로 이별하는 장면, 그리고 남자 주인공의 절제된 사랑이 관객에게 깊은 인상을 주었다. 나 역시 이 분위기에 흠뻑 빠져 카페에서 커피 한잔을 시키고는 잔잔히 흐르는 음악과 함께 이국의 밤이 주는 정취에 흠뻑 빠져들었다.

공항 가기 힘드네

여행 셋째 날. 아침에 일어나자마자 카사블랑카에서 스페인 마드리드로 가는 저가 항공편을 알아봤다. 마침 자리가 남아있어서 예약을 완료하고는 숙소 바로 앞에 있는 해변으로 가서 오랜만에 대서양 바닷물에 몸을 맡겼다.

이번 여행에서는 해외여행 중 처음으로 배탈까지 나는 촌극이 발생하는 바람에 중간에 여행을 포기할 정도로 아주 힘들었지만, 그래도 바다에 몸을 맡기니 어느 정도 힐링이 되면서 마음이 편안해지는 느낌이 들었다.

그러나 멀리서 볼 때 해변은 그림엽서 같이 멋져 보였지만 막상 직접 와보니 해변이 정화가 제대로 되지 않았는지 한여름의 열기와 더불어 오줌 냄새 같은 악취가 진동했다.

나는 이내 자리를 털고 일어나 숙소로 돌아와 체크아웃한 후 '모하메드 5세 공항'으로 가기 위해 택시를 잡았다. 문제는 이 택시기사가 이곳저곳 한참을 빙빙 돌기만 하고, 공항 방향으로 가는 것 같지가 않았다.

"기사님, 빨리 공항으로 갑시다!"

나는 항공기 일정 때문에 마음이 급해 재촉했다.

그는 택시를 몰고 시내 중심가에 있는 큰 주유소로 가더니 사람을 찾는 것 같았다. 나중에 알고 보니 택시기사는 영어로 "공항으로 갑시다."라는 말조차도 전혀 알아듣지 못해 주유소에서 영어를 하는 현지인을 찾느라 약 30분 이상을 거리에서 허비했던 것이었다. 아랍어로 '공항'이라는 단어를 제대로 알아놓지 않은 것이 화근이었다.

"택시기사에게 목적지를 잘 설명해주세요."

나는 주유소에서 '영어를 잘한다는 현지인'에게 몇 번이나 부탁했다.

택시기사는 이제야 말뜻을 이해했는지 고개를 끄덕거리더니 공항을 향해 마구 질주하기 시작했다.

무사히 공항에 도착한 나는 미화 20달러를 택시기사에게 주었다. 그러나 그는 화를 버럭 내며 주머니에서 미화 50달러짜리 지폐를 꺼내 나에게 보여주면서 그만큼 달라는 것 같았다. 나는 몇 번이나 택시기사와 협상을 한 끝에 결국 미화 40달러를 그에게 주고는 공항 안으로 걸음을 재촉했다.

공항 로비에 들어오니 아랍 전통복장을 한 수많은 여행객이 체크인 절차를 밟고 있었다. 내가 아랍국가에 와 있다는 사실을 실감했다. 그러나 조그만 공항에 승객들이 서로 뒤엉켜 아수라장이 되어, 나는 공항에 도착한 지 약 두 시간이나 지나서야 겨우 출국심사를 마칠 수 있었다.

모로코 여행은 예기치 않게 배탈도 나며 우여곡절이 많아 원하던 방향대로 여행을 제대로 마무리 못 했는데 이는 시간을 두고 다시 모로코를 방문하라는 뜻으로 겸허하게 받아들였다.

아름답기만한 여행은 없다

2013년 9월. 일본 오사카를 거쳐 나가사키를 돌아오는 일주일간의 일정을 위해 새벽에 일찍 일어나 인천공항으로 가려고 공항버스를 기다리고 있었다. 아직 공항버스는 오지 않았지만, 왠지 모르게 몸이 무척 무거웠다. 그러다가 갑자기 콧속에서 물컹한 무엇이 덩어리째 식도를 넘어가는 것을 느꼈다. 코피가 터진 것이었다.

나는 여행을 취소하고 집으로 돌아갈까, 하고 한참을 망설이고 있었는데 마침 기다리던 공항버스가 정류장에 들어오고 있었다.

'아무 일 없겠지.'

나는 애써 마음을 다독이며 공항버스를 타고 인천공항에 내린 후 출국절차까지 무사히 마쳤다.

이때 탑승구 게이트로 들어가는 순간 갑자기 코피가 터져 나오며 멈출 줄을 몰랐다. 나는 국적 항공사 여직원에게 상황 설명을 하고 응급조치를 요청했으나 그들은 그냥 관례대로 나를 비행기 좌석으로 안내했다.

좌석에 앉아서도 코피가 멈추지 않았다.

"응급 키트를 가져다주세요."

승무원이 가져온 응급 키트를 열어보니 코피를 막을 수 있는 변변한 약이나 도구가 전혀 준비되어있지 않았다.

"승무원! 저 승객이 지금 숨이 넘어갈 정도로 코피를 쏟고 있는데 어떤 조치라도 취해야 하는 것 아닌가요?"

내 옆 좌석에 앉은 40대 후반으로 보이는 남자 승객이 승무원을 향해 불만을 쏟아냈다. 주위에 있는 다른 승객들도 걱정스러운 눈길로 나를 쳐다봤다.

"사무장을 불러주세요."

나는 코를 휴지로 꽉 틀어막은 채 여승무원에게 부탁했다. 한참 있으니 여사무장이 내 좌석으로 왔으나 그녀 역시 어떻게 해야 할지 몰라 우왕좌왕하는 모습이었다.

이렇게 하는 동안 어느새 항공기는 오사카 공항에 착륙했다. 나는 한 손으로 코를 틀어막은 채 입국심사를 받고 있었지만, 코피는 멈출 기세가 보이지 않았다. 내 옷은 코피 자국으로 여기저기 보기 흉하게 얼룩져버렸다. 나는 입국심사대를 통과하자마자 긴 의자가 눈에 띄어 그곳에 누워 있었더니 국적 항공사의 현지 일본인 여직원이 나에게 다가왔다.

"많이 아프신가 봐요. 어떻게 도와드릴까요?"

그녀는 걱정스러운 눈빛으로 나를 내려다봤다.

"이 공항에 병원이 어디 있어요?"

나는 코맹맹이 소리로 중얼거리듯 그녀에게 물었다.

"게이트를 나가서 오른쪽으로 걸어가면 조그마한 의원이 하나 있어요."

나는 그녀의 안내대로 공항에 있는 의원을 찾았다.

"어디가 아프세요?"

일본인 의사는 일본어로 소통이 되지 않자 스마트 폰을 꺼내 번역기능을 통해 나에게 물었다. 나는 오늘 벌어진 상황을 설명했다. 그는 알코올을 잔뜩 묻힌 솜을 콧속에 넣어 피가 나오는 부분을 틀어막았다.

"이렇게 하면 괜찮나요?"

나는 무언가 허전한 치료방법이 걱정되어 그에게 다시 물었다.

"나중에 이비인후과에 가서 정밀진단을 받고 치료를 받으세요."

그는 자기 역할을 다했다는 표정을 지으며 대답했다. 나는 숨을 쉴 수 없을 정도로 솜으로 콧속을 꽉 틀어막은 갑갑한 상태에서 원래 일정을 무사히 소화하고 귀국했다.

나는 한국에 도착하자마자 대형병원으로 달려가서 진단을 받았다.

"단순한 코피가 아니고 콧속의 실핏줄이 터져 생겨 벌어진 일입니다."

담당 의사는 이렇게 말하면서 상처 부위를 전기요법으로 치료했다.

귀국한 지 일주일 후 내가 탔던 국적 항공기 본사에 승무원들의 미숙한 대응을 문제 삼아 장문의 항의 편지를 보냈다. 그로부터 며칠 후 본사 담당자로부터 전화가 왔다.

"손님의 편지를 읽고 공항 CCTV를 분석한 결과 저희 공항 직원과 승무원들의 대응 방법에 상당한 문제가 있었음을 인정합니다. 따라서 우선 정중하게 사과를 드립니다."

"그리고 이에 대한 보상규정에 따라 저희 항공사에서는 손님께 소정의 보너스 마일리지를 드릴 예정이니 다음 달에 마일리지를 확인해보시기 바랍니다."

이렇게 국적 항공사로부터 보너스 마일리지로 보상을 받는 수준에서 이 상황은 일단락되었다.

아름답고 좋은 것만 볼 수 있는 여행은 애당초 존재하지 않는다. 아니, 오히려 예상치 못했던 상황들이 여행 중에 끊임없이 발생하곤 하는데 자기 페이스대로 그것을 무사히 극복했을 때만이 나중에라도 소중한 여행의 의미를 되새길 수 있다. 물론 겪는 사람에 따라 시각의 차이도 있고 예외도 있을 수 있다.

국경을 통과하는 열 한 가지 방법

영화에 가끔 등장하는 주인공의 국경 통과 장면은 아련한 추억으로 우리의 마음속에 자리를 잡고 있다. 또한, 여행을 좋아하는 사람이라면, 해외여행 중 버스나 기차 등의 운송수단을 이용하여 육로로 국경을 통과했던 경험을 한 번쯤은 갖고 있을 것이다.

국경이란 어떤 의미를 지니고 있을까?

백과사전을 살펴보면 '국경은 국가 간의 영역이나 공해를 구분 짓는 실질적인 경계선으로 국가 주권이 미치는 범위이다'라고 대체로 정의하고 있다.

지구상에는 산맥이나 하천 따위의 지리적 조건에 따라 국경을 구분한 나라(이탈리아 vs. 스위스, 노르웨이 vs. 스웨덴, 중국 vs. 러시아, 중국 vs. 네팔, 미국 vs. 멕시코)와 경도, 위도에 따라 인위적으로 국경이 설정된 나라(미국 vs. 캐나다, 이집트 vs. 리비아, 이집트 vs. 수단)가 있다.

'솅겐조약Schengen Agreement' 덕에 유럽연합EU 회원국 간에는 같은 출입국 관리 정책을 활용해 국가 간 제약 없이 이동할 수 있다. 그중 영국이 아무런 합의 없이 유럽연합EU을 탈퇴하는 '노딜 브렉시트No Deal Brexit'가 현실화할 경우 극심한 혼란이 우려된다는 내용이 담긴 영국 정부의 비밀문서가 유출되어 한바탕 소란이 일었다. 이 문서 중 주목할 대목은 '영국 정부는 브렉시트Brexit 이후 EU 회원국인 아일랜드와 영국령인 북아일랜드 간 국경에서 통관, 이민 절차가 더욱더 엄격해지는 하드보더Hard Border가 시행될 수밖에 없을 것으로 전망하고 있다.'라는 부분이다.

이번에는 시야를 돌려 아프리카 대륙지도를 살펴보면, 아프리카 대륙은 열강에 의해 분할되었다. 국가와 국가 사이의 국경선이 대체로 직선으로 그어져 구분되어있으나 단 한 곳, 킬리만자로산[20] 부근만 비뚤어져 있음을 알 수 있다.

역사를 거슬러 올라가면, '베를린 회의('베를린 서아프리카 회의' 또는 '콩고 회의' 1884~1885)'에서 아프리카가 분할되었다. 영국령의 케냐와 독일령의 탄자니아의 국경선이 결정되었을 당시만 해도 국경선은 직선이었고, '케냐산'과 '킬리만자로산'은 모두 영국령이었다. 1889년에 독일인 마이어가 최초로 킬리만자로 등정에 성공하자 독일 황제 빌헬름 2세는 이 산이 탐이 나서 영국의 빅토리아 여왕에게 자기에게 달라고 부탁했고, 빅토리아 여왕은 이 산을 독일에 양도했다.

그 후 탄자니아와 케냐가 각각 독립했는데, '케냐산'은 케냐령, '킬리만자로산'은 탄자니아령이 되어 당시에 그어진 '비뚤어진 국경선'이 지금까

20 스와힐리어로 '빛나는 산'이라는 뜻을 가진, 아프리카에서 가장 높은 킬리만자로 산(5,895m)의 정상에서 만년설을 처음 본 헤밍웨이는 '믿기지 않을 정도로 새하얀 빛깔의 산'이라고 감탄한 바 있다. 현지인들은 '킬리만자로의 만년설이 다 녹으면 화산이 폭발해 모두 죽는다.'는 전설을 믿고 있다.

지도 내려오고 있다.

제국주의의 기치를 내걸고 열강들이 아프리카에 휘두른 권력이 어떤 것인지 대표적으로 보여주는 사례이다. 그 결과물인 아프리카 대륙의 국경선은 잠재적 화약고로서 지금까지도 당사국 간에 많은 분쟁을 일으키고 있고, 지금도 지도 위에 선 하나를 긋는 것을 두고 전쟁까지도 불사하고 있다.

20여 년 전, 호주 TV에서는 이민자 문제와 관련해서 호주 보수층의 압도적인 지지를 등에 업고 있었던 '한나라 당One Nation Party' 당수인 '폴린 핸슨Pauline Hanson'의 연설이 TV로 방영된 적이 있었다.

"국경 공개는 자국 문화의 상실을 뜻하기에 국경을 폐쇄하고, 이 땅의 이민자는 모두 내몰아야 합니다."

역사를 돌이켜보면, 1975년 이란과 이라크가 '샤트알아랍강'을 양국의 국경으로 삼는 협정을 맺었다. 1979년에 '이란 혁명'이 일어나면서 이란에서 국경을 새로 정하겠다고 나오자, 이라크가 이 강을 건너 이란을 침공하면서 발발한 것이 바로 8년간이나 지속한 '이란-이라크 전쟁'이다.

이렇게 역사적으로 국경에 대한 에피소드가 유달리 많은 것은 아마도 조상 때부터 이어온 '토지(영역)에 대한 인간의 소유욕'의 연장선에서 이해해야할 것이다. 이것은 우리가 어릴 적 골목에서 동네 친구들하고 땅에 금을 그어놓고 즐겼던 '땅따먹기 놀이'와 별반 다름없어 보인다.

그러나 지도에 그어져 있는 국경선은 그곳에서 생활하는 사람들, 특히 이리저리 낙타를 타고 이동하는 중동의 유목민들에게는 사실 큰 의미가 없다. 서구 열강들이 인위적으로 만든 국경선과 그곳에 사는 사람들의 삶 사이에는 실제로 큰 괴리가 있기 때문이다.

다시 본론으로 돌아가서, 국경을 통과하는 것은 생각만으로도 흑백영화의 한 장면처럼 애틋한 향수를 불러일으키곤 했다. 국경을 사이에 두고 출발 국가와 입국 국가의 국경검문소를 차례로 통과하면서 출국, 입국 도장을 받기 전까지 전혀 잘못한 일도 없는데 출입국 사무소 직원들 앞에서 괜히 느끼게 되는 위축감과 긴장감이 가슴을 파고들곤 했다.

여권에 출국, 입국 도장을 차례로 받고 나서 여권을 펼친 후 그 여권에 찍힌 스탬프를 보며 뿌듯해한 것은 비단 이 글을 쓰고 있는 나만 느꼈던 감정은 아닐 것이다.

싱가포르/말레이시아/태국 국경

1990년 9월. 싱가포르의 절도 있고 깨끗한 이미지가 가슴에 여운을 남기기도 전에 나는 현지 버스를 이용해 말레이반도를 거쳐 태국 방콕[21]까지 가는 여정에 나섰다.

현지 버스를 타기 위해 터미널로 가니, 터미널은 마치 어느 버스회사 차고지 같이 작고 한적했으며, 타고 갈 버스 역시 한국의 시내버스 수준으로 국가 간을 이동하는 국제버스라는 생각이 전혀 들지 않을 정도로 열악했다.

나는 버스에 올라 출발시각을 기다리고 있었다. 몇몇 외국인 배낭여행자들이 버스에 오르면서 버스는 이내 활기를 띠었다.

버스는 중간에 수도 쿠알라룸푸르를 경유, 비포장도로 위를 먼지를 풀풀 날리며 몇 시간이나 북쪽으로 열심히 달려갔다. 버스에 타고 있는 다

21 태국의 수도 '방콕'이라는 이름은 아유타야 왕조시대에 이 땅에 감람나무가 많아 '방(마을) 콕(감람나무)'이라고 불린 것에 유래한다고 한다. 원래 이 도시 이름을 전부 펼쳐 알파벳으로 바꾸면 무려 168자로 세계에서 가장 긴 도시 이름이 된다. 따라서 대외적으로는 '방콕'으로 사용하고 있지만, 현지인들은 '천사의 도시'라는 뜻의 '끄룽텝'이라고 간난히 줄여서 부른다고 한다.

른 승객들과 마찬가지로 나 역시 지루하게 입국절차를 기다리다가 피곤했는지 살짝 잠이 들었다. 가만히 앉아있어도 땀이 이마에 주르륵 흐를 정도로 무더운 날씨였다. 차창 밖으로는 도로 양쪽으로 빼곡하게 서 있는 고무나무에서 고무를 채취하려는 현지인들의 일손이 분주하게 움직이고 있었다.

국경을 통과하니 조그만 도시가 나타나 나는 이곳에 내려 기차역으로 향했다. 이곳 국경도시에서 태국의 수도 방콕까지는 기차로 약 6시간이나 더 가야 했다.

캐나다/미국 국경

2007년 5월. 캐나다 토론토를 찾았다. 추운 날씨였지만, 지하의 대형 쇼핑센터가 시내 주요지점을 지하로 서로 연결해서 지하에서 시티 라이프를 즐길 수 있었다. 이곳의 명소인 타워에 올라 시내 전체를 한눈에 볼 기회도 얻었다.

이번 여행의 주목적은 시내 관광보다는 '나이아가라 폭포'를 보기 위해서였다. 우리에게 너무 잘 알려진, 미국 북동부와 캐나다와의 국경에 있는 이 폭포는 북미 지역에서 가장 큰 폭포로 세계 관광지 중의 하나이다. 캐나다 쪽 폭포의 높이와 폭 모두 미국 쪽과 비교해서 거의 두 배 이상 규모가 크기 때문에 폭포의 모습을 더 잘 볼 수 있는 곳은 캐나다 쪽이다.

캐나다 쪽에서의 폭포 유람이 끝난 후, 나는 이 폭포에 대한 미련이 아직 남아 미국 쪽에서 다시 이 폭포의 모습을 보기 위해 다리를 건너갔다. 저 멀리 미국 성조기가 펄럭이고 있었고 그 밑에는 출입국 검문소가 자리하고 있었다.

"미국을 방문하는 이유가 무엇인가요?"

50대 중반으로 보이는 미국 출입국 사무소 직원이 까만 안경테 너머로 내 눈을 응시하며 질문했다.

"나이아가라 폭포를 미국 쪽에서도 보기 위해서입니다."

그는 내 대답이 채 끝나기도 전에 여권에 입국 도장을 쿵 하고 찍어주었다. 아마도 나처럼 캐나다 쪽에서 나이아가라 폭포를 구경한 후, 미국 쪽에서 다시 이 폭포를 보려는 관광객들의 수요가 평소 많아서 미국 측에서 관광객들에게 입국 편의를 제공하는 것 같았다.

몇 시간 동안 미국 쪽 다른 각도에서 이 폭포를 구경한 나는 다시 캐나다 국경으로 재입국하는 절차를 밟았다.

라트비아/에스토니아 국경

2010년 9월. 발트 3국 여행 중 가장 하이라이트인 "에스토니아의 수도 '탈린'행 버스가 오후 4시에 출발한다."라고 해서 나는 부랴부랴 배낭을 짊어 메고 라트비아의 수도 '리가' 중심에 있는 국제 버스터미널로 향했다. 밖에는 비가 추적추적 내리고 있었다.

내가 탄 버스 내에는 무선인터넷 시설이 잘 설치되어 있었고, 또한 별도 테이블까지 뒷좌석에 배치해서 가는 동안 노트북으로 아주 편하게 인터넷을 사용할 수 있었다. 나는 버스 이동 중에 차창 밖으로 국경검문소를 찾았으나 국경검문소의 모습이 보이지 않아 약간 허탈하기까지 했다.

에스토니아로 버스가 진입한 지 약 30분 정도 지났을까? 갑자기 국경수비대 경찰이 오토바이를 타고 쫓아와서는 버스를 세우더니, 불시에 버스에 올라 승객들의 여권을 일일이 점검했다.

"라트비아에서 에스토니아로 넘어올 때 동남아시아나 중국 등지에서 만든 위조여권을 집중해서 단속하곤 한다."라고 이미 이곳을 다녀온 지인으로부터 들은 이야기가 문득 떠올랐다.

라트비아의 수도 리가를 떠난 버스는 4시간 반 만에 에스토니아의 수도 탈린 시가지에 있는 버스터미널에 무사히 도착했다.

요르단/시리아/레바논 국경

2011년 1월. 요르단의 수도 '암만'으로 돌아오는 버스에서는 그동안 쌓인 여독 때문에 거의 눈을 감다시피 왔다.

시리아의 수도 '다마스쿠스'로 가기 위해 국경을 넘나드는 택시인 '세르비스' 영업장을 찾았다. 이곳에 도착하니 영업장 창문에는 각 나라 도시 목적지 이름이 아랍어로 어지럽게 쓰여 있었다. 이곳에서 약 30분 정도 기다리자 나를 포함해서 4명의 승객이 모여 한 택시에 몸을 싣고는 다마스쿠스로 향할 수 있었다.

태어나서 처음 와 본 이곳에서 생면부지의 아랍 남성들과 같은 택시를 타고 깜깜한 야밤에 시리아 국경으로 향하게 되었다. 나는 '가는 도중에 내 신변에 무슨 일이 일어날 수도 있지 않을까.'라는 막연한 두려움도 살짝 갖고 있었지만 아랍 국가에 온 이상 이 모든 것은 '인샬라!(신의 뜻대로!)'라고 생각했다.

나는 비좁은 택시 뒷자리에서, 그것도 양쪽으로 건장한 아랍 남성들 사이에 앉아 다리도 제대로 펴지 못한 채 택시에 몸을 내맡겼다. 택시는 내 사정을 아는지 모르는지 깜깜한 밤의 적막을 가르며 열심히 시리아 국경을 향해 내달리고 있었다.

밤 9시쯤 요르단의 수도 암만을 떠난 택시는 깜깜한 밤을 뚫고 두어 시간을 질주한 후에야 시리아 국경에 도달할 수 있었다. 국경에 다다르자 모두 차에서 내려 입국신고를 하기 위한 긴 줄에 합류했다. 나는 택시를 같이 타고 간 승객 중 40대 중반으로 보이는 시리아인이 영어를 유창하게 구사해서 그 남자에게 도움을 청해 입국신고서를 작성했다. 나는 신청서를 출입국 사무소에 제출하려고 하는데 비자 수수료가 자그마치 미화 100달러였다.

'배낭여행자가 좋은 음식, 좋은 숙소 다 마다하면서 아끼고 아껴서 여행하는데 호주 국적자라고 미화 100달러나 받다니…….'

요르단 암만에서 시리아 다마스쿠스까지는 약 200㎞밖에 떨어져 있지 않았지만, 국경에서의 입국심사로 시간이 많이 지체되어 택시는 국경을 떠나 새벽 1시가 넘어서야 시리아의 수도 다마스쿠스에 무사히 도착할 수 있었다.

일주일 후, 레바논 국경 쪽으로 가기 위해 '타르투스'라는 조그만 도시까지 내려가서, 시리아 국경을 넘었을 때처럼 레바논 국경을 넘는 쎄르비스 택시를 타려고 일정을 잡았다. 저 멀리 '레바논 산맥'이 하얀 눈을 머리에 쓰고 이역만리에서 달려온 이방인을 반갑게 맡아 주는 듯했다.

국경에 다다르자 영화에 나오듯이 살벌한 분위기가 감돌았고 군복과 자동 소총으로 무장한 국경수비대원들이 눈에 많이 띄었다.

택시기사와 함께 입국절차를 받기 위해 출입국 사무소로 들어갔다. 나는 그의 도움으로 미화 25달러를 내고 레바논에 72시간 체류가 가능한 '통과 비자'를 여권에 받았다.

국경을 통과한 택시는 지중해 연안에 펼쳐진 해안 마을들을 차례로 경유한 후 리비아의 수도 '트리폴리'와 같은 이름인 레바논의 '트리폴리'라는 아주 조그만 북부 도시에 도착했다.

닷새 후. 나는 쎄르비스 택시를 이용해 반대 방향에 있는 시리아 국경으로 향했다.

시리아 국경에서는 처음에 요르단에서 시리아 국경을 넘었을 때 비자를 받아서 그런지 이번에 레바논에서 시리아 국경을 넘을 때는 시리아 국경수비대에서의 입국심사는 예상보다 빨리 진행되었다.

슬로베니아/크로아티아/보스니아/세르비아 국경

2012년 9월. 슬로베니아에서 세르비아 '베오그라드'까지 가는 국제선 열차를 타면 크로아티아의 '자그레브'를 거치기에 나는 이 기차를 타게 되었다. 국경에 도착하자 기차가 정차하더니 기차 안에서 슬로베니아와 크로아티아 양국 출입국 사무소 직원들이 올라와 승객들에게 일일이 출국 도장과 입국 도장을 찍어주느라 약 30분 정도 정체되었다.

나는 '두브로브니크에서 1박을 할까'하고 생각했다가 이내 마음을 바꾸었다. 몸은 피곤했지만, 다음 방문지인 보스니아의 '모스타르'까지 가서 1박을 하는 것이 다음 여정 준비에 도움이 될 것 같아 다시 버스정류장으로 나왔다. 다행히도 정류장에는 2시간 후에 보스니아의 모스타르로 떠나는 버스가 한 대 남아 있었다.

나는 버스에 올라 바로 잠이 들었는데, 버스는 두브로브니크로 올 때 달려왔던 방향으로 다시 거슬러 올라가더니 곧이어 보스니아 국경에 도달했다. 이곳의 국경 검문은 대체로 국경수비대가 버스에 올라와서는 여권만 대충 훑어보는 수준인지라 조금 싱겁기조차 했다. 보스니아 국경에서의 검문을 통과한 후 약 한 시간 정도 더 달려 드디어 보스니아의 모스타르에 도착했다.

3일 후, 보스니아의 사라예보 버스터미널에서 하루에 한 번만 떠난다는 국제버스를 타고 말로만 듣던 세르비아의 '베오그라드(하얀 마을)'로 향했다.

국경에 다다르자 국경수비대 소속 경찰이 출입국 심사를 했는데, 20대 중반으로 보이는 한 외국 젊은 커플이 세르비아 국경검문소에서 입국이 거절되는 모습을 직접 목격했다. 무슨 이유에서 그런지는 모르겠지만 버스는 두 사람만 달랑 남겨놓고는 베오그라드로 그냥 떠났다.

'다음 버스를 기다리려면 이곳에서 하루를 기다려야 하고, 출발지였던 보스니아로 몇 시간이나 걸려 되돌아가야 하는데…….'

나도 어떤 나라를 입국하려는데 저런 경우를 당하면 어떠했을까, 하는 생각에 미치자 갑자기 가슴이 먹먹해졌다.

세르비아 국경을 통과하면서 가장 흔하게 볼 수 있었던 풍경은 바로 마을마다 세워진 정교회 건물이었다.

버스를 타고 오면서 보니 보스니아가 산악지대였다면 세르비아는 평지 그 자체였다. 특히 베오그라드 근처에 오니 끝없는 평야 지대가 펼쳐지는 것이 매우 인상적이었다. 한국의 김해평야도 드넓지만, 이곳은 거기에 비교하면 몇 배나 더 넓었다.

세르비아/불가리아/루마니아 국경

2012년 10월. 밤 9시 50분에 떠나는 불가리아의 수도 '소피아'행 야간열차를 타기 위해 역내에 있는 카페에서 오랜만에 배낭여행자의 예산을 초과하는 푸짐한 저녁을 먹으면서 소피아로 가는 기차를 기다렸다.

드디어 기다리던 기차가 도착하여 타고 보니 마치 2차 세계대전 때 사용하던 구소련제 구식 기관차같이 시설은 너무 형편이 없었다. 침대칸이라고는 하지만 승객이 없어 혼자 4인 객실을 쓰면서 밤새도록 갔는데 기차 실내가 너무 불결하여 잠을 계속 설쳤다. 기차는 불가리아의 소피아를 향해 계속 내달리고 있었다.

그렇게 세르비아의 베오그라드에서 출발한 덜커덩거리는 기차에서 밤새 시달리다가, 비몽사몽 불가리아 국경수비대의 여권검사를 마치고 나니 잠이 확 달아나 버렸다.

그렇게 도착한 소피아에서도 일정을 마치고, 나는 또다시 기차를 탔다. 객차의 침실은 나를 포함하여 2층 침대까지 네 명이 다 꽉 차있었다. 하지만 승객 모두 러시아 인들이고, 영어도 전혀 통하지 않았다.

객실에 있는 나머지 세 명의 러시아인들은 내가 전혀 알아듣지 못하는 러시아어로 수다를 떨다가 어느새 친해졌는지 보드카를 나누어 마시면서 흥청거렸다. 이 밤 열차는 일정상 출발 10시간 후인 다음 날 아침 6시쯤 되면 루마니아 '부쿠레슈티'에 도착할 것으로 예상하였다.

영화에 나오는듯한 제복을 입은 무뚝뚝한 표정의 러시아 여성 객차승무원이 객실을 돌아다니며 침대 시트와 베개 피를 나누어주어, 나는 2층 침대를 정리하고는 이내 잠을 청했다.

기차는 먹물 같은 깜깜한 밤의 적막을 깨면서 이번 여행의 마지막 방문지인 루마니아[22]로 열심히 달려가고 있었다. 불가리아 소피아에서 출발

---

22 1878년 러시아가 오스만튀르크와의 전투에서 승리해 '다키아'와 '도나우 공국'이 서로 합병해 하나의 나라가 되었는데, 이때 그들은 자신들이 고대 로마인의 자손이라는 의미로 스스로 '루마니아(로마인의 나라)'라고 불렀다.

한 기차는 중간 국경 지역에 멈추는 바람에 잠이 깼다.

보통 버스로 국경을 통과할 때에는 승객이 그리 많지 않아 여권을 걷어 간 후 검사하고 다시 되돌려주기까지 약 30분 정도가 소요되었다. 그러나 이번 경우는 몇몇 국경수비대 직원들이 그 많은 기차 승객들의 여권을 다 걷는 대신 승객들 여권을 일일이 확인하면서 무전기로 여권 발행 국가, 이름, 만료일 등을 본부와 교신으로 확인했다. 본부로부터 아무 이상이 없다고 회신이 오면 그 자리에서 여권을 되돌려주는 방식으로 진행하다 보니 여권심사를 하는 데에만 약 2시간 이상을 기차에서 소비하게 되었다.

기차는 국경에서의 여권심사 시간만큼 예정 시간보다 약 2시간 이상이나 늦게 루마니아 부쿠레슈티 역에 도착했다.

알바니아[23]/몬테네그로/코소보/마케도니아 국경

2013년 9월. 몬테네그로로 넘어가는 버스 편을 알아보기 위해 버스정류장에서 시간표를 확인해보니 약 6시간 후에나 버스가 출발하는 것으로 나와 있었다. 할 수 없이 정류장 근처에서 어슬렁거리는 택시기사들과 한 시간 동안이나 흥정해서 택시비를 40유로 달라는 것을 20유로에 합의해서 벤츠 택시를 타고 겨우 국경까지 갈 수 있었다.

국경으로 가는 길은 제법 아스팔트가 잘 깔려 있어서 지금까지 다녔던 길과는 비교가 안 될 정도로 편안한 느낌으로 이동할 수 있었다. 멀리 몬테네그로를 상징하듯 실제로 검은 산들이 산맥을 형성하면서 내 앞에 광

23 알바니아 국기에는 적색바탕에 머리가 둘 달린 검은색 독수리가 그려져 있는데, 이 나라의 영웅 스칸데르베그의 선조가 독수리라는 전설에서 유래했다. 또한 독수리 두 마리기 각각 동쪽과 서쪽을 바라보고 있는 이유는 이 나라가 동서양의 중간 지점에 있기 때문이다.

활하게 나타났다.

택시는 약 40분 정도 달려 알바니아-몬테네그로 국경에 도착하였는데 택시기사는 나를 내려 주면서 약속한 20유로가 아닌 40유로를 달라고 떼를 쓰는 것이 아닌가!

처음에는 마음이 약해지면서 '40유로를 줄까'하고 생각했다가 택시를 타기 전에 이미 합의한 20유로를 주면서 단호한 표정을 지었더니 그는 마지못해 지폐를 뒷주머니에 넣고는 택시를 몰고 오던 방향으로 돌려 되돌아갔다.

국경 지역은 다른 유럽 국경보다도 더 쓸쓸하게 내 마음에 와닿았다. 나는 몬테네그로로 넘어가는 몇몇 차들과 함께 약 10분 정도 긴 줄에 합류하여 내 여권심사 차례를 기다렸다.

국경검문소에서는 내 여권을 펴서 사진이 나오는 부분을 인식기에 대고 조회한 후 이상이 없으니깐 바로 통과하라고 손짓을 했다. 나는 영화장면처럼 터벅터벅 걸어서 국경을 통과했다.

영화 애호가들은 잘 알겠지만 '알바니아 마피아'가 영화 [007]이나 [테이큰Taken]에 주로 악당으로 등장하는데 이곳 알바니아에서 직접 겪었던 순박한 사람들을 생각하면 영화와는 동떨어진 왠지 모를 짠한 감정부터 먼저 느껴졌다.

알바니아에서 다른 차들처럼 걸어서 몬테네그로[24] 국경검문소를 통과하자마자 수도 '포드고리차'로 가는 버스를 타려고 정류장을 찾기 위해 두리번거렸으나 버스정류장은커녕 행인 한 사람 찾을 수 없었다. 당황스

24 '몬테(Monte: 산)네그로(Negro: 검은)'라는 이름 자체가 증명하듯 몬테네그로는 대부분 검은 산으로 이루어져 있는데, 슬라브어로 이 지방을 '츠르나 고라(침엽수림의 검은 산)'라고 부른 이름이 이탈리아어로 번역되어 '몬테네그로'가 되었다. 크기는 한국의 강원도보다 작지만 2천 미터가 넘는 고산 봉우리가 약 40 여개나 솟아있다. 그래서 그런지 주위를 둘러보면 온통 산으로 둘러싸여있는 느낌을 받는다.

러웠다. 이곳에서 수도로 들어가는 버스를 기약 없이 기다려야만 했다. 하릴없이 화단에 앉아있는데, 약 70세에 가까워 보이는 현지 여성이 건너편에 쪼그리고 앉아있는 것이 눈에 띄었다.

"왜 혼자 이렇게 앉아 계세요?"

나는 일단 사람을 만났다는 안도감에 그분에게 다가가 물었다.

"지금 국경검문소에서 내 딸이 입국절차를 밟고 있어 이렇게 기다리고 있어요. 우리는 수도 포드고리차로 가니까 혹시 목적지가 같으면 내 딸의 승용차를 타고 같이 가시면 되겠네요."

"의사인 내 딸은 최근 미국인 사위와 이혼해서 국적이 아주 복잡하게 되어버려 국경을 통과할 때마다 시간이 꽤 걸려요."

노인은 유창한 영어로 말을 이어 나갔다.

"나는 현직에 있을 때 학교에서 영어 선생님을 했었는데, 지금은 소일거리로 하루에 한두 시간씩 정부 공무원을 상대로 영어를 가르치고 있어요."

조금 있으니 노인의 딸이 국경검문소에서 용무를 마치고 고등학교에 다니는 아들과 함께 우리에게 다가왔다. 나는 그들과 인사를 나누고 승용차에 올랐다. 승용차 안에서 노인은 복잡하게 얽힌 발칸 국가들의 내전, 인종학살 그리고 한국의 분단 상태와 같은 무거운 주제에 대해 나에게 아주 상세하게 설명해주었다.

서너 시간쯤 달렸을까? 승용차가 수도 포드고리차에 있는 종합 버스터미널에 다다르자 나는 가지고 있던 명함을 할머니와 딸에게 건네주고는 서로 작별의 인사를 나눴다.

아침에 일어나보니 비가 하염없이 내리고 있었다. 여행 중에 비가 오거나 일기가 좋지 않으면 그 여행은 거의 망치기 일쑤라 한참을 기다렸지만, 유감스럽게도 비는 그치지 않았다. 나는 그냥 비를 맞으며 '부드바' 해변과 주위를 두어 시간 서둘러 둘러보았다. 그리곤 이슬람 색을 띠고 있는 '울친'으로 가기 위해 버스정류장으로 향했다.

바람이 심하게 부는 울친은 '또 하나의 작은 이슬람 국가'처럼 내게 다가왔다. 나는 한참을 해변에 머물다가 버스정류장으로 가서 이번 여행의 백미인 '코소보'로 가는 버스에 몸을 실었다.

이스라엘과 몇몇 중동국가들은 상대방 국가를 입국한 도장이 여권에 찍혀있으면 여행자의 해당 국가 입국을 불허하곤 했다. 마찬가지로 "세르비아의 입국 도장이 찍혀있으면 코소보에 입국할 수 없다."라는 이야기를 들어서 나는 할 수 없이 몬테네그로를 거쳐 코소보로 버스로 이동하는 루트를 선택하게 되었다.

알바니아와 몬테네그로, 이 두 나라를 거쳐 분쟁의 아이콘으로 상징되는 코소보에 버스로 도착한 시각은 밤 8시. 국경을 통과할 때 국경수비대 경찰이 올라와 버스 내에 있는 승객들 여권을 모두 회수하여 검문소로 가져다가 일일이 입국 도장을 찍고 다시 돌려주었는데 다른 발칸 국가로 입국할 때 보다 절차가 아주 까다로웠다.

몬테네그로 버스정류장을 떠나 중간 휴게소에서 차를 마시며 쉰 30분간의 휴식시간과 국경검문소에서 걸린 약 30분간의 시간을 모두 포함하여 총 약 9시간이나 걸려 이곳 수도 '프리슈티나'에 도착했을 때는 마침 폭풍우가 불어 닥쳐 적지 않게 당황했다.

이곳으로 오는 지형이 산악지대라 버스가 꼬불꼬불한 길을 달리다 보니 예상시간이 직선거리보다 약 두 배 이상 걸리는 것 같았다.

코소보 일정을 마친 후, 버스터미널에서 버스로 약 3시간 정도 걸려 도착한 마케도니아의 수도 '스코페'. 내일 새벽에 알바니아 공항에서 이탈리아 로마를 거쳐 귀국하는 비행기에 탑승하는데 약간의 시간이 남아서 무리하게 예정에도 없던 마케도니아를 방문하게 된 셈이었다.

마케도니아 국경을 넘어올 때 경찰이 버스에 올라타고 승객들의 여권을 대충 검사하고는 버스에서 내렸다. 의례적으로 여권검사를 하는 것인지는 모르겠으나 생각보다 짧은 여권검사에 시간에 쫓기는 배낭여행자의 처지에서는 그저 감사할 따름이었다.

브루나이 국경

2014년 5월. 나는 '브루나이 페리 터미널'에 무사히 도착했는데 이곳 역시 무더위가 기승을 부리고 있었다. 이곳에서도 긴 줄을 서며 입국 절차를 밟게 되었다. 드디어 내 차례가 되었다.

"사무실로 들어와서 비자 신청서를 작성하고, 비자 비용으로 20브루나이 달러(B$)를 내면 됩니다."

출입국 사무소 직원은 내가 소지하고 있는 호주 여권을 보더니 친절하게 안내했다. 내가 사무실로 들어갔더니 마침 30대 초반의 호주 커플 관광객 역시 비자신청을 하고 있었다. 이곳 출입국 사무소 직원들 대여섯 명 정도가 내 주위로 몰려와서 농담도 하면서 꽤 친절하게 대해 주었다. 말레이 민족이 65% 정도인 이곳은, 말레이시아라고 주장해도 별반 차이가 없을 정도로 사람들의 외모만 보고서는 전혀 구별할 수 없었다.

'14일 체류 입국 도장'을 찍은 여권을 받아 들고 밖으로 나오니 후덥지근한 날씨가 훅하고 턱까지 차 올라왔다. 터미널 바로 앞에 있는 버스정류장에는 대낮인데도 버스도 오지 않고 택시도 들어오지 않았다. 10여 명의 외국 관광객들은 '시내버스를 기다린 지 벌써 4시간째'라는 푸념을 토해내고 있었다.

아르헨티나/브라질 국경

2018년 7월. 남미의 '이구아수 폭포'는 아르헨티나와 브라질 국경 경계에 있기에 아르헨티나 쪽과 브라질 쪽 두 곳에서 이 폭포를 감상하려면 '나이아가라 폭포'의 경우처럼 양쪽 국가에서 출입국 절차를 밟아야 했다. 그러나 호주 여권을 소지한 나는 호주와 브라질 간의 '상호 협정 Reciprocity Agreement'에 따라 '도착비자'는 허용되지 않았다. 나는 브라질에 입국하기 위해서는 미화 100불의 수수료와 함께 '사전 입국비자'를 받아야만 했다.

결국, 번거로움, 시간, 비용 등 때문에 브라질은 나중에 별도로 방문하기로 여행계획을 급변경한 후, 아르헨티나 쪽에서만 이구아수 폭포를 감상하는 선에서 일정을 마무리 지었다.

케냐/탄자니아 국경

2018년 7월. 이번 여행에서는 아프리카-남미 등 4만 2천 km를 돌아왔다. 지구 한 바퀴가 4만 km니까 그보다 약간 더 다닌 셈이다.

첫 기착지인 에티오피아에서 비행기를 타고 탄자니아의 수도 다르에스살람-잔지바르-아루샤의 일정을 무난히 소화했다.

케냐는 이번에는 가지 않게 되어 대신에 탄자니아와 케냐의 국경도시인 '나망가'에 가는 것으로 아쉬움을 달랬다.

'동물의 왕국' 거점도시인 아루샤에서 북으로 세 시간 정도 달리니 케냐와 탄자니아의 국경도시인 나망가 도시가 나타났다. 사실 이 도시는 관광지라기보다는 둘로 분리되었다는 상징적인 의미가 더 컸다.

이 도시 한쪽은 탄자니아, 다른 한쪽은 케냐 영토이기에 이 도시를 통과하려면 같은 출입국 사무소 건물에서 출국 절차와 입국절차를 동시에 밟아야 했다.

"이 도시에는 어떻게 오셨어요?"

탄자니아 국경에서 출국 도장을 받은 내가 케냐 국경으로 들어서자 출입국 사무소의 여성 직원이 나에게 물었다.

"예, 두 개로 분리된 이 도시 양쪽 모두를 보고 싶어서요."

내 대답에 그녀는 싱긋 웃으면서 비자 비용으로 호주 국적자인 나에게 미화 50달러를 요구했다.

비자 수수료가 10달러나 20달러 정도일 것으로 예상했었는데 너무 비쌌다. 한참을 망설였지만 '언제 또 와보나.'하는 생각에 그냥 50달러를 지급하고는 여권에 입국 도장을 받을 수 있었다.

과테말라/벨리즈 국경

2019년 2월. 나는 과테말라 국경을 넘어 '벨리즈' 출입국 사무소에 도착했다. 날씨가 무더워 땀을 뻘뻘 흘리며 입국 신청서를 작성한 후 제출하니 비자 비용 없이 출입국 사무소 직원이 바로 여권에 입국 도장을 찍어주었다.

항간에 떠도는 정보로는 "비자 수수료가 미화 100달러이고 입국이 거절될 수도 있다."라고 해서 나 역시 원래 여행일정에서는 벨리즈를 뺐었지만 그래도 미련이 남아 끝까지 이곳까지 오게 되었다.

벨리즈는 멕시코의 남쪽 및 과테말라 동쪽에 있는 영연방 국가이다. 이곳 역시 쿠바처럼 시간이 멈춘 듯 모든 것이 천천히 흘러가고 있었다. 반면에 언어는 영어가 공용어이지만, 스페인어가 통용되기에 여행하는 데 있어 소통문제가 없다는 것이 큰 장점이었다.

벨리즈는 사탕수수를 비롯하여 바나나 등 농업개발에 중점을 두고 있고 관광사업 증진에도 노력하고 있는데, 특히 최근에는 주변 섬들을 활용한 리조트들이 해외 관광객들의 발길을 끌고 있다.

인샬라, 시리아

시리아는 지리적으로 동서와 남북을 서로 잇는 교차로에 자리 잡고 있기에 여러 민족과 문화가 서로 오가면서 충돌하고 융합했다. 덕분에 약 33개 문명이 이곳에서 꽃을 피울 수 있었다. 시리아는 한반도 보다 약간 작은 규모이지만 레바논, 요르단, 이스라엘, 터키, 이라크 등 5개국에 둘러싸여 있고 공식 언어는 아랍어이지만 여러 개 언어가 사용되며 더 나아가 인종 및 종교 역시 복잡하다.

그런 만큼 시리아의 역사는 고달팠고 실제로 그러한 역사 때문에 시리아 영토 또한 주변국들에 이리저리 약탈당해왔다. 같은 이슬람국가이지만 아프리카 북부 튀니지의 '베르베르인'들과는 다르게 이곳에는 '베두인'이 많이 있으며 상징적으로 사막, 낙타라는 단어가 뒤를 이어 수식어로 쫓아다닌다.

누군가 지적했듯이 시리아는 이탈리아 로마보다도 더 웅장한 로마 시대의 유적과 많은 이슬람 유적을 가지고 있으면서도 그것을 외국인들에게 효율적으로 상품화하지 못하고 있다. 국가 차원의 관광수입이 생각보다 적다는 사실은 아마도 현재의 낙후된 정치시스템이 가장 큰 원인인지도 모른다. 나는 이 사실들을 직접 눈으로 확인하기 위해 달랑 배낭 하나만을 꾸린 채 시리아로 향했다.

구세주 시리아인

2011년 1월. 여행 첫째 날.

내가 다마스쿠스[25]에 도착하였을 때, 칠흙같이 어두운 시가지는 썰렁하기 그지없는 모습을 연출하고 있었다.

"숙소는 어디 정했어요? 제가 바래다 드릴게요."

택시에서 내리자 마침 입국 절차를 도와주었던, 영어가 유창한 시리아 남성이 나에게 물었다.

"아직 정하지 못했는데요."

내 대답이 끝나자마자 그는 나를 데리고 '구 시가지(올드시티)'로 동행하여 저렴한 숙소를 세 군데나 다니면서 주인들과 협상을 했다.

비록 퀴퀴한 냄새가 나는 숙소였지만 그래도 하루는 충분히 보낼 수 있는 허름한 숙소를 나에게 최종적으로 소개했다. 나는 말도 잘 통하지 않는 아랍국가 한복판에서, 그것도 새벽에 이곳에 도착해서 숙소를 구하는데 매우 고생할 뻔하였다. 그런데 그가 구세주처럼 도와주었다.

"감사합니다. 감사합니다."

나는 그에게 몇 번이나 감사의 표현을 했다.

25 시리아의 수도로서 남서부에 자리하고 있다. 옛날부터 '동양의 진주'라고 불렸으며 661~750년 이슬람 제국의 수도였다. 기원전 3000년경에 세워져 '세계에서 가장 오래된 도시'라고 보는 학설이 설득력을 얻고 있다. 기원전 15세기부터 현재처럼 '다마스쿠스'라는 이름으로 부르고 있다.

"웰컴 투 시리아!"

그는 이렇게 말하면서 만면에 미소를 머금은 채 나와 작별을 고했다.

이렇게 시리아에서의 첫날밤을 다마스쿠스의 구시가지에서 보내게 되었다.

다마스쿠스의 향기

여행 둘째 날. 구약성서에도 등장하는 다마스쿠스는 나에게는 항상 호기심의 대상이었는데, 내가 지금 이 도시 한복판에 있다는 사실이 믿어지지 않았다.

나는 아침 일찍 숙소를 나와 바로 길 건너에 자리 잡은 구시가지의 '시타델'로 걸음을 향했다. 길을 걷다 보니 시리아 대통령의 초상화가 여기저기 많이 눈에 띄었다. 수십 년간 시리아를 통치해 온 독재정권의 대표적인 아이콘이었다.

이곳 구시가지는 외국 관광객들을 위해 골목마다 찾아가는 길을 아주 친절하게 표시해놓아 혼자 다니는 데 별로 어려움이 없었다.

다마스쿠스 관광의 백미인 '움마야드 사원'에 이르기 전에 미로처럼 얽힌 골목길들을 찬찬히 살피다가 '아젬궁전'에 먼저 도달했다. 아기자기한 궁전 내부가 먼저 내 눈길을 사로잡았다.

드디어 다마스쿠스가 자랑하는 움마야드 이슬람 사원에 도착했다. 약 1,300여 년이나 된 모스크는 세월의 연륜과 흔적을 고스란히 담은 채 묵묵히 서 있었다. 시간이 딱 멈춘 느낌을 주는, 세계에서 가장 이슬람적인 건물 중의 하나이기에 또 다른 감동이 물밀 듯이 가슴속으로 밀려들어 왔다. 그러나 건물 일부는 세월의 세례를 받기라도 한 것처럼 여기저기 깊은 균열과 함께 검게 변색하여 있었다. 사원 안에 들어가려면 신발을 벗어야 했다. 그 드넓은 대리석 광장을 신발을 벗고 다니다 보니 발이 얼음장 위에 있는 것처럼 너무 시렸다. 이곳의 가장 백미는 '모스크 중앙에 세례 요한의 목이 안치되어 있다.'라는 녹색 천으로 둘러싼 장소였다. "이 사원을 방문하는 모든 무슬림들이 반드시 찾는 곳입니다."라고 관리인이 추가로 설명했다. 이곳을 방문하는 무슬림들의 겸허하고도 경건한 태도가 내 마음을 끌었다. 보는 내내 저절로 침묵하게 했다.

이슬람 특유의 초록색, 노란색, 푸른색 타일 등으로 장식한, 화려함의 극치를 보여주는 형형색색 아라베스크 문양의 사원을 충분히 둘러본 후 이곳을 떠나려고 문을 나섰다. 나는 사원에서 가까운 곳에 있는 서점을 찾았다. 진열대 위에 놓여있는 책 중 상당수가 이슬람 경전인 '쿠란'이 차지하고 있었다. 그 표지를 장식한 휘갈긴 서체는 마치 외계글자같이 어지럽게 쓰여 있었다.

"저기 판매대 위에 있는 쿠란을 구경해도 될까요?"

아랍 국가 한복판에서 쿠란을 직접 접하고 나니 '어떻게 생겼나?'하는 호기심이 먼저 발동했다.

"자, 여기 있어요."

서점직원은 쿠란을 손으로 조심스럽게 쥐고 하늘을 향해 정성스럽게 한참 기도를 한 뒤 나에게 건네주었다. 마치 무아지경의 믿음의 눈빛으로 아스라한 생명의 기운을 주문하는 행위 같았다. 나는 이 모습에서 이슬람에 대한 이들의 진솔한 열정과 성스러움을 느낄 수 있었는데 마치 한국의 개화 초기에 순교했던 천주교 신부들의 그것을 느끼게 했다.

골목을 지나던 동네 어린아이들이 이역만리에서 온 이방인이 신기했는지 나에게 우르르 몰려들었다. 나는 비록 이 아이들과 언어소통이 되지는 않았지만, 손짓 발짓으로 의사를 전해서 같이 사진을 찍고는 숙소로 발을 옮겼다. 골목골목에서 풍겨 나오는 현지인들의 삶의 향기를 코로 깊게 맡으면서 말이다.

같은 숙소에서 하룻밤을 더 묵게 되었다. 내일은 고대 로마의 도시 유적지인 '팔미라'를 거쳐 시리아 북부에 있는 제2의 도시인 알레포[26]에 가려고 계획을 잡은 후 잠자리에 들었다.

팔미라 가는 길

여행 셋째 날. 아침 9시쯤 숙소를 나와 팔미라로 가는 시외 버스터미널까지 짧은 거리를 택시를 타고 이동했다. 택시기사는 미터기를 꺾지 않고 터미널에 도착한 후에 택시비 얼마를 요구했다.

"미터기를 꺾고 가야 요금이 제대로 나오는 거 아닙니까?"

"우리는 그냥 내릴 때 돈을 받아요."

"그래서 얼마 받으려고 하는데요?"

나는 신경질적으로 되물었다.

택시기사는 내가 생각한 요금의 두 배를 부르기에 우리는 옥신각신 말다툼을 하게 되었다. 이 모습을 보고 길을 가던 행인들 몇 명이 모이더니 그에게 "무슨 일이냐?"라고 물었다. 그는 과장된 몸짓을 해가며 열심히 상황을 설명하는 듯 보였다. 나는 시간도 없고 해서 내가 생각한 요금을 주고 그냥 떠나려고 하니깐 그는 내 앞을 가로막고 버텼다. 이러는 사

26 '알레포'는 수 천 년 전부터 번성한 상업도시로서 이슬람 국가에서는 드물게 기독교 인구가 약 30%나 되는데, 그 이유는 20세기 초 터키에서 추방된 기독교인들이 이 도시로 피난을 왔기 때문이라고 한다. 또한 '알레포'는 '다마스쿠스' 등과 함께 도시 전체가 유네스코 세계문화유산으로 지정되어 있어 볼거리가 많으며, 그 중에서도 언덕 위에 자리 잡은 '알레포 성'이 백미로 꼽힌다.

이에 길을 가던 행인들 숫자는 약 20여 명에 달할 정도로 그 숫자가 마구 불어났다.

이때 건너편에 있던 제복을 입은 경찰관이 다가왔다.

택시기사는 마치 억울하다는 듯이 그 경찰에게 자기 의견을 전달하는 듯했다. 나 역시 말이 잘 통하지는 않았지만 내 입장을 두 번에 걸쳐 힘들게 손짓 발짓을 해가며 전달했다.

그러자 그 경찰관은 '쌍방이 주장하는 요금의 중간을 주면 어떠냐.'하는 제스처를 하는 것 같았다. 나는 다소 억울했지만 빨리 다음 목적지로 가야 했기에 경찰관이 제시한 요금을 주려고 지갑을 꺼내 들었다. 택시기사는 "절대로 안 돼요!"라고 소리를 고래고래 지르며 버텼다. 그러자 옆에 있던 경찰관이 갑자기 택시기사의 뺨을 때리면서 눈을 부릅뜨고 막 뭐라고 야단을 쳤다. 그러자 그는 풀이 죽은 듯 '주려고 했던 금액만 받겠다.'라는 시늉을 해서 나는 그 금액을 얼른 그에게 주고는 뒤도 돌아보지 않고 버스터미널로 들어섰다.

버스터미널에는 시리아 각 지방을 포함해서 인근 국가로 가는 버스를 운영하고 있었는데 수많은 여행사가 각자 직접 버스를 소유하면서 운영하고 있었다. 출발 전 반드시 터미널에 상주하는 경찰관에게 여권과 버스표를 보여주고 탑승허가 도장을 받아야 한다고 해서 나 역시 긴 줄을 서서 경찰관으로부터 도장을 받고는 버스에 올랐다.

수백 년 역사의 품에 피로를 내려놓다

다마스쿠스 버스터미널에서 출발한 버스는 약 네 시간 정도 걸려 실크로드의 서쪽 끝부분인, 동서 무역로의 거점이었던 오아시스의 도시 팔미라에 도착했다.

"내 차로 팔미라 유적을 돌아보지 않겠습니까?"

식당 앞에 주차되어있는, 전혀 굴러갈 것 같지 않은 폐차 직전의 승용차를 타고 있는 까무잡잡한 얼굴의 50대 현지 남성이 나에게 물었다.

어차피 팔미라 유적을 제대로 다 보려면 하루는 족히 걸리는데, 오늘 밤까지는 시리아 제2의 도시인 '알레포'까지 가야 했기에 두세 차례 그와 협상을 벌인 후 미화 10달러를 주고 찬찬히 유적지를 돌았다.

서기 2, 3세기 때 지은 도시건축물의 잔해와 돌탑을 만들어 유해를 안치했던 로마 시대 유적들이 내 눈앞에 광활하게 펼쳐졌다. 지금까지 발굴된 면적은 일반 대학캠퍼스 크기로 수십만 평에 걸쳐 있었다.

다양한 만남, 진짜 여행

여행 넷째 날. 알레포 성 입구에서 수많은 계단을 올라 성안으로 들어가니, 궁전터를 비롯해 원형 극장, 사원, 목욕탕 등 많은 부대시설이 한 눈에 들어왔다. 마치 도시 전체가 한 권의 역사책을 펼쳐놓은 듯했다.

알레포 성에서 내려다본 시내는 거대한 회색빛 도시로 나에게 다가왔다. 하늘은 자동차에서 뿜어대는 매연가스 때문에 안개가 낀 것처럼 뿌옇게 보였다. 지붕마다 위성TV 수신용 접시들이 빼곡히 밀림을 이루고 있는 것을 보아 TV 수신이 그다지 원활하지 않을 것으로 추측되었다.

나는 알레포 성을 돌아본 뒤 건너편에 있는 수크(시장)로 들어갔다. 긴 지하 터널 같은 그곳에 있는 수크는 거미줄처럼 얽힌 미로로 서로 연결되어 있었다. 이곳에는 한국의 재래시장처럼 진솔한 삶의 현장을 볼 수 있는 상점들이 즐비해 오랜만에 고향에 온 것 같은 푸근함을 느껴 열심히 이곳저곳을 기웃거리게 되었다. 천년 역사가 숨 쉬고, 따라서 재미있는 이야기들이 꼭꼭 숨어있을 듯한 시장의 미로마다 사람 키만큼 잔뜩 쌓아놓은 물건과 시장을 찾은 사람들이 서로 뒤엉켜 무질서하게 보였다. 마침 수중에 있던 시리아 돈이 다 떨어져 미화 100달러짜리 지폐 한 장을 바꾸려고 상점에 들어갔다.

"죄송한데, 환전소가 어디 있습니까?'

나는 40대 중반으로 보이는 상점 주인에게 물었다.

"미화 100달러짜리입니까? 제가 바꿔 드리겠습니다."

그는 서랍을 열어 시리아 돈 한 뭉치를 꺼냈다. 환율은 일반 환전소보다도 더 유리하게 계산해서 바꿔 주었는데 아마도 미국 달러를 금처럼 소유개념으로 생각하는 것 같았다.

마침 라타키아로 향하는 기차 시간이 여유가 있어서 나는 시내를 걷다가 카페를 찾아 차를 한 잔 마시고 있었다. 마침 이때 대여섯 명의 한국인 남녀대학생 그룹이 내 앞을 지나가고 있었다.

"어떻게 여기까지 오게 되었어요?"

"교회에서 단체로 왔는데 이슬람 국가들을 다니면서 모스크에 들어가 한국에서의 지신밟기[27]처럼 서로 어깨동무를 하고 땅을 밟으면서 합동기도를 하러 왔어요."

나는 갑자기 뭐라 말할 수 없을 정도로 말문이 막혔다. 나는 그 학생들을 카페로 데리고 들어가 커피 한 잔씩을 사주면서 이런저런 이야기를 들려주었다.

---

27 지신밟기는 음력 정초에 영남 지방에서 행해지는 민속놀이의 한 가지로서, 집집마다의 지신을 밟으면서 노래하며 춤 등으로 지신을 달래고, 잡신과 악귀를 물리쳐 마을과 가정의 안녕을 빌며 더 나아가 풍어와 풍년을 비는 마을 행사이다.

"이슬람 국가에서 그런 행동을 하면 목숨이 담보될수도 있으니 자제하면 어떨까요?"

나는 그들의 신변 안전이 걱정되어 진지하게 몇 번이나 당부하고는 헤어졌다.

그들과 헤어진 후 해안가에 자리 잡은 라타키아로 가는 기차표를 끊으려고 알레포 역에서 현지인들과 같이 긴 줄에 동참했다. 내 차례가 되자 매표소 직원이 동양에서 온 나를 보더니 신기한 듯 다른 창구직원들을 부르는 바람에 갑자기 창구가 북적거렸다.

"라타키아로 가는 열차표 한 장 주세요."

모두 신기한 듯 나를 보는 와중에 내가 떠듬거리는 아랍어로 말하자, 모두 아랍어를 조금이라도 구사하는 내가 신기하게 보였는지 나를 보면서 엄지손가락을 치켜세웠다.

나는 개표구를 통과한 후 정차되어있는 기차까지 걸어갔다. 그러나 기차표를 잘 살펴보니 도무지 알아볼 수 없는 아랍어만이 쓰여 있어 어느 칸 어느 자리에 타야 할지 몰라 기차 주위를 서성거렸다.

"혹시 제가 도울 일이 있는지요?"

이때 한 현지 남학생이 떠듬거리는 영어로 나에게 말을 걸어왔다.

"아, 예, 이 열차 어느 자리에 타야 하는지 해서요."

그러자 그는 내 열차표를 보더니 앞장서서 열차에 올랐다. 나는 그를 따라 두어 칸을 지나가게 되었다.

"이 자리에 앉으면 돼요."

그는 나에게 좌석을 안내하고는 기차에서 도로 내려 다시 자기 갈 길을 갔다. 나는 고마움을 마음속으로 전달하며 그의 뒷모습을 물끄러미 쳐다

보고 있었다. 다시 고개를 돌리니 같은 열차 칸에 있는 현지인들은 동양인이 온 것이 무척 신기한지 나를 쳐다봤다. 나는 계면쩍어 주위에 있는 승객들에게 그냥 손을 살짝 흔들며 좌석에 앉았다.

"음악을 전공하세요?"

마침 앞자리에 앉아있는 현지 남학생이 시리아 전통악기를 소중하게 가슴에 안고 있기에 내가 물었다.

"예, 대학에서 시리아 전통음악을 전공하고 있는데 주말이라 라타키아에 있는 숙소로 돌아가는 중이에요."

음악 이야기를 하면서 가고 있던 중, 갑자기 정전되어 약 30분 정도 열차가 정차했다가 다시 출발했다.

"기차에 이상이 있나 봐요?"

"아니에요, 전력 사정이 나빠 열차가 가다가 하루에도 몇 차례씩 서는 것은 보통이에요."

실제로 열차는 다섯 번쯤 서고 가고를 반복하면서 제 갈 길을 달리고 있었다. 이때 저쪽에서 초등학생으로 보이는 사내아이가 다가오더니 내 앞에서 태권도 자세를 취했다.

"태권도 배웠니?"

"아니요, TV에서 봤어요."

그 아이가 말을 마치자마자 나는 일어서서 군대 복무 중 배웠던 태권도 기본자세를 살짝 보여주었더니 같은 칸에 타고 있던 승객들이 모두 내 자리로 몰려와 손뼉을 치면서 서로 한마디씩 거들었다.

"오늘 어디서 묵으세요?"

내 앞자리에 있는 음악을 전공하는 학생이 물었다.

"아직 정하지 않았는데요."

평소 배낭여행을 하다 보면 상황이 어떻게 바뀔지 몰라서 숙소예약을 하지 않고 현지인들에게 물어가며 숙소를 정했던 터라 이번에도 예외는 아니었다.

"그러면 제 숙소가 원룸인데 누추하지만, 하룻밤 묵고 가세요."

나는 그의 제안에, 앞으로 무슨 일이 닥칠지는 모르겠으나 그저 '인샬라'라는 정신으로 그의 제안을 바로 수락했다. 현지인들의 지나친 호의에 라타키아까지 가는 약 네 시간 반이라는 긴 시간 동안 나는 한숨도 잘 수 없었다.

드디어 열차가 무사히 '라타키아 역'에 도착했다. 나는 열차에서 내려 그 학생을 따라 약 10분쯤 골목으로 걸어 들어갔다.

"이곳이 제 숙소에요."

그의 숙소는 한국의 허름한 빌라 같은 느낌을 주었다. 그 학생이 먼저 문을 열고 들어가니 또 한 명의 룸메이트가 있어 인사를 하고는 같이 소파에 앉아서 많은 이야기를 나눴다. 주위를 둘러보니 조그만 전자오르간과 악보들이 여기저기 방바닥에 나뒹굴고 있었다. 나는 내일 새벽에 레바논[28]으로 떠나야 했기에 소파에 누워 억지로 잠을 청했다.

순수함, 가장 따스한 추억

여행 다섯째 날. 다음 날 새벽 6시쯤 나는 눈이 일찍 떠졌다. 나는 그 학생과 같이 숙소를 빠져나와 새벽의 찬 공기를 가르며 버스정류장으로 걸

28 지중해 동쪽 해안에 있는 '중동의 진주'라고 불리는 레바논은 고대 아랍어로 '하얀 것'을 의미하는 'laban'에서 유래 되었는데, 레바논 산맥이 흰빛을 띠어서 이런 이름이 붙었으며 레바논 사람들 역시 스스로를 lubnan이라고 부른다. 레바논 산맥은 성경에 나오는 '노아의 방주'를 만들었을 때 사용되었다는 '레바논 삼나무'의 유명한 산지이며, '레바논 삼나무'는 레바논 국기에도 등장한다.

어갔다.

"저는 수업을 들으러 학교로 가야 해서 이만 헤어져야겠네요."

그 학생은 나를 버스정류장으로 안내한 후 작별인사를 나눴는데 돌아서는 등 뒤가 왠지 허전했다. 언뜻 그 학생을 보니 그 역시 나를 응시하고 있었다. 비록 짧은 시간이었지만 나는 그 학생과 작별을 한 후 레바논으로 가기 위해 국경을 넘는 쎄르비스 택시를 수소문하기 위해 마음이 무척 바빠졌다.

내가 시리아를 다녀오고 두 달 뒤부터 시리아에 내전이 발생하였다. 2019년 9월 현재 100만 명 이상의 사상자와 1,000만 명 이상의 난민이 발생했고, 그동안 시리아에 있는 세계적인 문화유산들이 많이 파괴되었다. 또한, 내가 직접 만났던 현지인들이 살았는지 죽었는지 생사를 확인할 수 없는 현실이 가장 큰 아쉬움과 안타까움으로 지금도 마음 한구석에 자리하고 있다.

시리아를 여행하면서 강렬하게 내 가슴에 와닿는 것은 독재정권 하에서도 이 나라 국민은 비록 가난하지만, 자존심이 매우 강하다는 느낌이었다. 그들은 특별한 눈빛을 띠고 있는 해맑은 표정과 더불어 아직도 때가 묻지 않은 순수함을 잘 유지하고 있기에 아직도 내 가슴은 그들 때문에 따스한 온기를 느끼고 있다.

옛 발자취, 우즈베키스탄

2011년 5월. 여행 첫째 날.

때가 덜 묻은 덕에 순박한 느낌이 들어 여행자들의 관심이 많은 나라. 한편으로는 영어가 통용이 되지 않아 여행 중 예상치 못한 에피소드가 많은 나라로 인식이 되어온 우즈베키스탄.[29] 나는 '스탄[30]'자가 들어가는 나라를 처음으로 방문하기로 계획한 순간부터 많은 고민에 빠졌다.

우즈베키스탄은 영어도 통하지 않고 몇몇 마을에서 아랍어를 사용하는 것을 제외하고는 대부분이 러시아어와 우즈베키스탄어를 주로 사용한다. 작년에 가본 몽골처럼 서로 의사소통을 하는 데 있어서 참으로 막막할 것이란 생각이 마음을 짓눌렀으나 오히려 그런 것들이 여행의 매력으

29 고대에 실크로드의 중계도시로 번영하였던 우즈베키스탄이라는 국명은 우즈베크인의 민족이름인 Uzbek와 페르시아어로 '나라'를 뜻하는 stan이 합쳐져서 만들어졌다. Uzbek는 고대 언어로 '자신이 바로 주군'이라는 뜻으로, 14세기에 전성기를 누렸던 '킵차크한국'의 제 10대 '우즈베크 한'의 이름에서 유래되었다.

30 '스탄'은 페르시아어 계의 지명 접미어로 '~의 나라, ~의 지방'이라는 의미로서, 3세기에 건국된 페르시아의 '사산 왕조'가 '~의 지방'이라는 행정용어로 '스탄'을 사용하면서 널리 보급되었다. 국명의 마지막이 '~스탄'으로 끝나는 나라에는 카자흐스탄, 우즈베키스탄, 키르기스스탄, 투르크메니스탄, 타지키스탄, 아프가니스탄, 파키스탄 등이 있다.

로 다가올수도 있는 것이다. 과감히 원래 계획대로 진행하기로 했다.

항공기에 탑승하니 승무원 중에는 우즈베키스탄 출신 여승무원도 눈에 띄었다. 마침 옆 좌석에는 한국인 사업가가 타고 있어서 이런저런 이야기로 몇 시간이 금방 지나버려 지루하지 않았다. 항공기는 약 8시간 정도 걸려 밤 9시 30분에 우즈베키스탄의 '타슈켄트 공항'에 무사히 도착했다.

공항 규모가 한국의 지방공항보다 열악한 수준인 데다가 입국절차만 한 시간 넘게 걸려 피곤은 이미 극에 달했고 상당한 인내가 필요했다.

마침 어떤 탑승객이 출입국심사대를 향해 사진을 찍었는지 플래시가 번쩍하는 바람에 출입국 사무소 직원들이 승객들의 사진기를 일일이 검사하면서 사진을 확인하느라 입국장은 더욱더 아수라장이 되어버렸다.

게다가, 여기서 만나기로 했던 현지인의 모습이 공항 로비에 보이지 않아 나는 약 30분간을 컴컴한 공항 밖에서 서성거렸다. 마침 한국말이 귀에 들려와 그쪽으로 고개를 돌리니 30대 초로 보이는 한국 여성이 있었다. 현재 처해있는 사정 이야기를 그녀에게 했다. 그녀는 내 사정을 듣고는 핸드폰으로 여기저기 수소문하여 한국인이 운영하는 숙소를 알려주었다.

나는 공항에서 택시요금을 협상한 후 그녀가 말해준 숙소로 갔다. 그곳은 현지에서 성공한 한국인 사업가가 운영하는 조그만 호텔이었다.

"저는 한국의 의정부에서 외국인 근로자로 4년간 열심히 일해서 돈을 제법 벌어 현재는 이곳에서 아주 만족하면서 살고 있어요."

호텔 매니저는 서툰 한국어로 나에게 말했다.

이곳에서 간단하게나마 한국어를 사용할 줄 아는 사람들은 대체로 고려인, 현지 상인, 대학의 한국어과 학생 그리고 한국에서 외국 근로자로

체류했던 사람들이어서 가끔 언어소통에 문제가 있을 때 도움을 받을 수 있다는 사실이다.

호텔 매니저와 한국에 있었을 때의 에피소드 등을 나누면서 호텔 로비에서 몇 시간을 보냈더니 벌써 잠자리에 들 시간이 훌쩍 넘어 나는 방으로 올라와 잠자리에 누웠다.

실크로드, 사마르칸트

여행 둘째 날.

새벽 기도시간을 알리는 '아잔'에 잠시 잠이 깨었으나 다시 잠이 들어 아침에 동이 훤하게 튼 후에야 눈이 완전히 떠졌다. 시계가 없어 정확한 시간을 확인하지는 못했지만 일단 일어나 서둘러 샤워를 하고 아침 식사로 가져간 컵라면을 먹은 후 호텔에서 '거주지 등록증'을[31] 받았다.

길거리에 사복경찰까지 포함하면 상당한 숫자의 경찰을 볼 수 있었다. 몇몇 중동국가를 여행했을 때에도 느꼈던 것이지만, 그 나라의 정권유지를 위해서는 저렇게 많은 경찰과 거주지 등록 등의 수단을 통해 국민을 통제하고 있구나, 다시 느끼게 되었다.

한 가지 덧붙일 것은, 길거리의 공중화장실을 사용할 때에는 유럽 몇몇 도시들처럼 화장실 사용료를 받기에, 항상 동전이나 잔돈을 가지고 다녀야 낭패를 보지 않는다는 사실이다.

호텔에서 걸어서 약 15분 거리에 있는 '타슈켄트 중앙역'에서 다음 여행지인 '사마르칸트'로 출발하는 아침 7시발 기차를 타기 위해 나는 부랴부

---

31 러시아나 독립국가연합(CIS)에서는 여행자들은 숙소에서 반드시 '거주지등록'을 해야 한다. 만일 거주지 등록이 되어 있지 않으면 최고 $ 2,000불까지 벌금이 부과될 수 있기에 귀찮아도 반드시 '거주지 등록증'을 일일이 챙겨야 한다.

랴 호텔을 나섰지만, 역에 도착하니 이미 6시 50분이었다.

나는 현지 화폐인 '숨'으로 환전하지 않았기에 미화로 표를 결제하려고 했다.

"달러로는 결제가 되지 않아요."

역무원은 현지 화폐로만 결제를 요청하면서 실랑이가 벌어졌다. 나는 역무원에게 사정사정하여 힘들게 미화로 결제를 마쳤다.

이곳에서는 인도 '뉴델리 중앙역'에서 겪었던 것처럼 열차표 검사부터 시작해서 수화물 보안검사, 그리고 여권검사 등을 까다롭게 하기에 여행객들은 상당한 스트레스를 받곤 한다.

기차는 이등석으로, 여섯 명이 한 객실을 같이 쓰는 구조였다. 객실마다 별도의 문이 있고 옆으로 좁은 복도가 있는, 영화에서 가끔 보는 그러한 스타일의 기차였다. 바깥기온이 낮에는 섭씨 30도를 오르내려서 그런지 에어컨을 세게 틀어주어 오히려 추위를 느껴 객실 차장에게 에어컨을 꺼 달라, 부탁을 할 정도였다.

마침 옆자리에는 타슈켄트 은행에서 일한다는, 사마르칸트가 고향인 청년들이 자리를 같이했다. 그들은 영어를 제법 구사해서 별 어려움 없이 많은 대화를 나누면서 약 4시간 반 걸려 '사마르칸트 중앙역'에 도착했다. 사마르칸트는 옛 티무르 제국의 수도이자 현직 대통령의 고향이어서 그런지 도시가 잘 정비되어 있었다.

나는 역에서 빠져나와 요금을 협상한 후 택시에 올랐다.

"유적지에서 제일 가까운 저렴한 호텔로 갑시다."

내가 택시기사에게 말하자 택시는 약 15분 정도 달려 유적지 근처에 있는 호텔에 내렸다.

"안녕하세요? 저는 한국에서 수년간 일을 했고 지금도 지속해서 사업을 하고 있어서 한국말을 조금 할 줄 압니다."

마침 40대 중반으로 보이는 호텔 주인이 인사를 건넸다. 의사소통에 별다른 어려움을 느끼지 못할 정도로 그는 한국어에 능통했다.

사마르칸트의 백미는 역시 '레기스탄'이라는 장소인데 우즈베키스탄을 소개할 때 대표적으로 매체에 자주 등장하는 바로 그곳이었다.

나는 중동국가에서 볼 수 있는 통상적인 이슬람 건축양식과는 조금 다른, 푸른 계통의 타일형식을 빌어 웅장한 자태를 뽐내고 있는 1600년대에 건축된 거대한 건축물에 입이 쩍 벌어졌다. 이를 통해 이 나라 조상들의 삶의 존재와 흔적들을 어렴풋이나마 느끼게 되었다. 마음속으로 비록 이곳에 오기까지 많은 우여곡절이 있었지만 '이곳에 오길 정말 잘했다.'라는 생각을 몇 번이나 했다.

나는 현지 돈인 '숨'이 필요해서 매표소에 있는 기념품 가게에서 미화 100불을 현지 돈으로 환전했다. 매표소에서 건네준 현지 돈의 부피가 한 무더기인지라 가져간 가방이 불룩할 정도였다.

오래전에 아프리카 어느 국가에서 미화 100달러를 현지 돈으로 환전하니까 트럭으로 한가득 바꿔 주어서 매우 당황했다는 미국인을 여행길에 만난 적이 있었다. 나도 불룩한 가방을 만지니 부자가 된 느낌이었다.

이곳 현지인들은 은행에 돈을 맡길 때 오히려 수수료를 내고 맡겨야 하고 또한 돈을 찾을 때도 인출이 매우 까다로우므로, 현찰을 은행에 맡기지 않고 집에 보관하거나 암시장을 통해 미화로 바꾼다. 이때 환율은 아주 후하게 쳐준단다. 예를 들어 미화 100달러를 은행에서 환전하면 현지 통화로 17만 '숨'을 주는데, 암시장에서는 보통 24만 '숨'으로 바꿔 주는

식이다.

나는 바꾼 현지 돈으로 레기스탄 입장료를 지급하고는 주변을 하나씩 찬찬히 둘러보기 시작했다. 말로는 형용할 수 없는 이슬람 건축미가 시종일관 나를 압도했다. 모스크 안을 들여다보니 열심히 기도하는 무슬림의 모습을 볼 수 있었는데 그들이 기도하는 모습을 보면 서로 어깨를 바짝 붙이고 예배를 드리는 모습이었다.

"왜 저렇게 옹기종기 모여 어깨를 바짝 붙이고 예배를 드립니까?"

나는 궁금해서 현지 관리인에게 물었다.

"서로 간의 간격이 떨어져 있으면 그 틈으로 악마가 들어온다고 해서 저렇게 서로 바짝 붙어서 예배를 드려요."

관리인이 근엄한 모습으로 나에게 설명해주었다.

내가 근처 공원을 둘러보고 있었는데 마침 우즈베키스탄 방송국에서 현지인 여성들과 TV 인터뷰를 하고 있었다. 마침 방송국 PD가 그곳을 지나가는 나를 발견하고는 인터뷰 요청을 해서 인터뷰도 하고 그 여성들과 같이 사진을 찍는 호사도 누렸다.

레기스탄 근처를 한참 걸어 다니다가 섭씨 30도를 웃도는 무더위에 더위를 식힐 겸 야외 카페로 들어갔다. 길거리에서 채소를 파는 현지 아낙네들의 무거운 삶의 현장 모습을 뒤로하고 향신료로 가득한 재래시장으로 향했다. 물건을 파는 이들은 대부분 현지 여성과 아이들이었다. 이런 곳은 고향 집을 찾듯이 찾을 때마다 마음이 푸근해진다. 싼 물가 때문에 수박보다 큰 멜론도 손쉽게 먹을 수 있기에 여행하면서 놓치기 쉬운 식사를 컵라면 대신에 풍성한 과일로 어렵지 않게 대체할 수 있다는 것도 큰 장점이다.

오늘은 더위를 먹었는지 더는 걷기에는 무리이다 싶어 모처럼 숙소로 일찍 들어와 충분한 휴식을 취하면서 다음 여행일정을 점검했다.

유네스코 문화 유산, 부하라

여행 셋째 날. 호텔에서 원 없이 자고 일어나 TV를 보니 시곗바늘이 아침 6시 반을 가리키고 있었다.

숙소에서는 7시부터 아침 식사를 제공하기에 조금 더 방에 머물러 있다가 내려가서 서양식 빵, 우유, 전통 빵, 전통차 등으로 구성된 아침 식사를 했다. 나는 아침 식사를 하면서 이 나라 최고의 관광지인 '부하라'로 가기로 목적지를 정했다.

부하라로 출발하기 전까지는 아직도 네 시간의 여유가 있어 어제 다 보지 못한 유적을 보기 위해 행인들에게 물어물어 택시를 타고 갔다.

마침 60대 택시기사와 이야기를 나누는 데 한국어를 꽤 잘했다.

"기사님, 한국어 어디서 배우셨어요?"

"저는 한국에서 약 7년간 일을 해 제법 많은 돈을 벌었어요. 현재 제 친아들과 친척들도 한국에서 일하고 있어요."

한국에 갔다 왔구나! 현재 가족이나 친척이 한국에 있는 현지인들은 '코리안 드림'을 꿈꾸기에 현지인들은 대체로 이곳에서 만나는 한국인들에게 매우 호의적이며 친절하다. 한국은 아마도 이들에게는 기회의 땅인 듯하다. 하긴 시내를 누비고 다니는 자동차들의 약 80% 정도가 '대우'가 만든 차로서 아직도 이들에게는 대우라는 회사가 주는 의미가 아주 각별한 것 같았다.

"이곳 은행원들의 한 달 봉급이 미화 약 400달러 정도인데, 현재 이곳

부동산 시세가 엄청 올라 시내 중심에 있는 방 두 개짜리 아파트가 한화로 약 4,000만 원이나 해요."

택시기사의 얘기를 들으니 이곳 부동산에도 엄청난 거품이 잔뜩 껴있음을 느낄 수 있었다. 택시를 타고 약 20분 걸려 도착한 곳은 레기스탄보다는 규모가 작으나 14, 15세기 정도에 세워진 '쇼히진다'라는 공동묘지였다. 이곳에 무함마드의 사촌도 묻혀 있다고 들었다. 비록 아담한 곳이었지만 건축물의 예술성은 아무리 강조해도 지나침이 없는 듯 보였고 실제로 많은 무슬림들이 이곳을 방문하고 있었다.

정오에 다음 방문지인 부하라로 떠나는 기차를 타기 위해 일찌감치 '사마르칸트 중앙역'에 도착했다.

이번에 타고 갈 기차는 일등석으로 한 객실에 네 명이 탈 수 있는 구조로 되어있었다. 침대 형태로 되어있는 점이 지난번에 타고 왔던 이등석 객실과는 아주 달랐다. 나와 같은 객실 칸에는 현지 유도선수가 타고 있었다. 그는 한국의 유명한 유도선수 이름을 입에 올리면서 엄지손가락을 치켜세우며 한국에 호의를 보였다.

갑자기 기차 안이 소란하여 문을 열고 나가 보았다. 옆 객실에 있던 부부 중 남편이 갑자기 의식이 혼미해졌다는 것이다. 보안요원과 기차 차장이 우리가 타고 있는 객실로 들어왔다. 그러고는 그를 우리 침대에 눕히는 바람에 우리 일행은 할 수 없이 다른 객실로 자리를 옮기게 되었다.

약 3시간 못 미쳐 도착한 부하라 역은 타슈켄트 역이나 사마르칸트 역에 비교하면 규모가 상대적으로 아주 작았다. 나는 유네스코 문화유산인 '올드 시티'까지 일단 택시를 타고 가서 입구 근처에서 바로 눈에 띄는 호텔에 자리를 잡았다.

이곳의 올드 시티 자체는 사마르칸트에서 볼 수 없는 또 다른 무엇이 내 마음을 충분히 사로잡는 바람에 나는 건축물들을 열심히 사진에 담으며 여기저기 골목을 누볐다. 특히 석양의 붉은 빛이 녹아든 것 같은, 점토로 만든 벽돌 건물들은 나에게 강한 인상을 주기에 충분했다.

이곳에는 특히 유럽 관광객들이 많이 눈에 띄었다. 이를 보면서 느낀 것은 '한국의 고대 도시들도 유네스코 문화유적으로 많이 지정되어 외국인들이 전세기를 타고 관광을 오는 날이 하루빨리 왔으면'하는 생각이 들었다. 외국인들이 진정으로 좋아하는 것이 무엇인지 한 번쯤 생각해보아야 할 대목이다.

올드 시티를 둘러보고 호텔로 돌아오니 이미 기진맥진하여 호텔 지하에 있는 식당에서 오랜만에 현지 전통식사인 세트메뉴를 시켜 먹으며 하루를 마무리했다.

예약 혼선, 낭패

여행 넷째 날. 여느 때처럼 나는 아침 일찍 일어나 아침 식사 후 어제 무더위 때문에 아직 가보지 못했던 '사모니 공원'을 찾아 나섰다. 이곳에서 제일 크다는 이 공원에 도착해서 약 두 시간여를 다녔으나 30도를 넘나드는 무더위 때문에 더는 걸어 다니는 것은 무리였다.

이제는 여행을 마무리 짓고 내일 타슈켄트로 가는 비행기나 기차표를 알아보려고 근처 여행사 등을 방문했다. 이렇게 발로 뛰어다니게 된 이유는 아침까지도 호텔 매니저가 공항에 직접 전화를 걸어 빈 좌석을 확인했었던 비행기와 기차가 내가 직접 다시 확인을 해보니까 "빈 좌석이 한자리도 없습니다."라고 해서 거의 공황상태에 빠졌기 때문이었다. 호텔 매니저 말만 너무 믿고 안이하게 대처한 것이 큰 화근이었다.

부하라에서 타슈켄트까지는 약 600㎞에 달해 서울-부산보다도 더 먼 거리였다. 매일 한 차례 운행하는 기차나 비행기를 놓치면 자칫 내일 밤 한국으로 들어가는 비행기 역시 놓칠 확률이 높아 마음이 초조했다.

여행사 직원들과는 영어가 전혀 통하지 않아 약 30분 동안 소중한 시간만 허비했다. 나는 안 되겠다 싶어 택시를 잡아타고는 직접 '부하라 공항'으로 가서 항공사 직원에게 재차 확인한 결과 "빈자리가 없습니다."라는 대답만 들었다. 나는 이번에는 부하라 역으로 택시를 타고 가서 역무원에게 확인한 결과도 역시 마찬가지였다.

이리저리 궁리하고 고민을 해봐도 길이 전혀 보이지 않아 나는 일단 마음을 비우고 호텔 건너편에 있는 현지 식당에서 식사했다.

"한국 사람이세요?"

"저는 한국에서 5년간 일을 해서 번 돈으로 친척과 함께 이 식당을 차리게 되었어요."

나는 계산을 하고 식당을 나서는데 식당 매니저가 떠듬거리는 한국말로 말을 꺼냈다.

"혹시 타슈켄트까지 가는 교통편을 구할 수 있겠어요?"

나는 지푸라기라도 잡는 심정으로 그 매니저에게 내가 처한 갑갑한 상황을 얘기했다. 그는 내 앞에서 아는 친구들에게 직접 전화를 몇 통 하는 것 같았다.

"내일 아침에 결과를 알려줄게요."

나는 그의 말을 듣고 일단 호텔로 돌아와 잠자리에 누웠으나 걱정 때문에 밤새 잠을 설쳤다.

아듀, 우즈베키스탄

여행 다섯째 날. 호텔 매니저는 어제 갔던 식당 매니저와 한참 통화를 했다.

"아, 일단 나와 같이 택시 합승장으로 가서 식당 매니저가 말한 친구를 찾으면 해결되니 그 택시를 타고 타슈켄트까지 가시면 됩니다."

나는 일과가 끝나는 그와 함께 택시 합승장으로 갔다.

"우리 택시를 이용해서 타슈켄트까지 가지 않겠습니까?"

택시기사들 몇 명이 나에게 다가와 서로 경쟁하듯 말을 걸어왔다.

나는 그들을 뿌리치고 어제 식당 매니저가 알려준 사람을 수소문한 끝에 겨우 찾아내어 일단 한숨을 돌리게 되었다.

타슈켄트로 가는 길은 황무지의 연속이라 별로 볼 광경이 없었기에 가스충전소에 들러 가스충전을 하는 것을 빼놓고는 평균 시속 약 100㎞ 이상으로 내달릴 수 있었다.

우리는 약 6시간을 택시로 달려간 끝에 타슈켄트 공항에 무사히 도착했다. 나는 택시기사에게 약정한 금액을 내고는 밤에 한국으로 들어가는 비행기의 출발시각을 확인했다. 택시가 생각보다 너무 일찍 도착하는 바람에 그 시각까지는 오히려 약 10시간이나 남아돌아 타슈켄트 시내를 마지막으로 찬찬히 구경하기로 하고 공항 근처를 걷고 있었다.

"혹시 택시가 필요하지 않으세요?"

마침 승용차를 몰고 가던 현지 여성이 나에게 물었다.

"아, 예, 타슈켄트 시내 구경을 하고 싶어요."

"그럼 부담 갖지 말고 타세요."

그녀는 타라고 손짓을 해서 승용차에 올랐다.

차 안에는 거의 영어를 하지 못하는 20대 현지 여성 두 명이 타고 있었다. 그들은 영어를 제대로 구사하는 다른 친구에게 핸드폰을 연결해가며 나와 소통을 했다. 그녀는 정부청사, 공원, 러시아 정교회, 레기스탄, 식당, 카페 등 시내 곳곳을 두루두루 안내를 해주었다. 마침 점심시간이 지난 터라 나는 식사를 하기 위해 그들에게 "현지 식당을 안내해 주세요."라고 요청을 했다.

현지 식당에서 이 여성들 덕분에 이곳 전통 빵인 '난', '라뾰쉬까'를 포함해서 꼬치구이인 '샤슬릭' 그리고 '오쉬' 등 현지 전통음식을 제대로 맛볼 수 있었다. 갑자기 나에게 나타난 '선한 사마리아 인' 같은 그들은 식사 후 저녁 7시쯤 공항으로 나를 다시 픽업을 해주었다. 나는 얼마 되지는 않았지만, 주머니에 남은 우즈베키스탄 돈을 전부 꺼내어 소정의 사례로 그녀들에게 건네주고는 출국 절차를 밟기 위해 공항으로 들어섰다.

가만히 생각해보니 우즈베키스탄 여성들은 대체로 화려한 옷을 좋아하고 고혹적인 자태를 한껏 뽐내고 있는 반면에 우즈베키스탄 남성들은 대부분 짙은 색깔의 옷을 입은 평범한 모습을 현지에서 많이 보게 되었다.

아침에 택시로 부하라에서 타슈켄트까지 약 6시간 그리고 오후에 이곳 시내 관광 등 총 13시간이 넘는 여독을 풀 겨를도 없이 또다시 한국행 비행기로 약 7시간을 더 가야 한다는 생각을 하니 바윗덩어리 같은 피로가 나를 엄습해왔다.

사막 속의 진주, 튀니지

2012년 12월. 여행 첫째 날.

튀니지공항에 도착하니 옛날 한국의 어느 지방공항같이 많이 낙후되어 있었다. 입국비자를 튀니지 10 디나르(약 7천 원)에 사들여서 입국절차를 밟아야 했다.

호텔 체크인 후, 튀니지 첫 대통령의 이름을 따서 명명했다고 하는 하비브부르기바 거리를 거닐었다. 100년간의 프랑스 식민지답게 마치 '프랑스 샹젤리제 거리에서 콩코드 광장으로 가는 길'과 유사하게 본떠서 만든 양쪽대로변은 카페로 꽉 들어차 있었다. 이런 분위기를 즐기는 현지인들을 보면서 프랑스 식민지 시대의 옛 향수를 느끼려는 튀니지인들의 모습을 느낄 수 있었다.

아침저녁으로는 섭씨 12도 정도이고 한낮에는 20도 이상을 유지하는 전형적인 지중해 날씨인데도, 춥다고 두꺼운 코트로 중무장한 이들의 모습은 그리 밝아 보이지 않았다. 아직도 시내 한복판 정부청사 앞에는 장

갑차가 배치되어 있었고 중무장한 군인, 경찰이 철조망 사이로 삼엄한 경계를 펼치는 등 살풍경 상태여서 배낭여행자의 처지에서는 마음이 편치 않았던 게 사실이다. 이곳은 독재정권을 몰락시켜 인접 아랍 국가들의 독재자들을 차례로 물러나게 한 '재스민 혁명[32]'의 시발점이 된 곳이기에 이 상황은 여행자를 더욱 생각에 잠기게 만들었다.

랜드마크 역할을 하는 시계탑을 비롯하여 국립극장, '프랑스 문', '생드폴 성당', '메디나', '수크(시장)' 등등이 투니스를 대표하는 장소들이다. 하비브부르기바 거리를 특징짓는 프랑스풍의 고색창연한 건물들이 대부분 걷다 보면 대충 다 돌아볼 수 있는 근거리에 있어서 여행자의 처지에서는 아주 편했다.

저녁에는 국제 페리 편으로 튀니지와 이탈리아 시칠리아섬 중간에 있는 '몰타'에 갈 수 있는지 운항시간을 알아보기 위해 '굴렛 항구'까지 택시로 약 10디나르를 주고 갔다. 밖은 이미 먹물처럼 깜깜하고 말은 전혀 통하지 않아 매우 불편했다. 항구로 가는 길에 택시기사가 듣고 있던 라디오 생방송 프로그램에서는 튀니지를 비롯한 기타 아랍 국가 노래가 계속 흘러나오고 있었는데 갑자기 싸이의 '강남스타일' 노래가 흘러나오는 게 아닌가?

"혹시 한국에서 오셨어요?"

택시기사는 내가 한국에서 왔다는 것을 어떻게 알았는지 엄지를 치켜세우면서 침이 마르도록 우리나라를 칭찬했다.

숙소로 돌아올 때는 일반 기차를 타게 되었다. 2차 세계대전 때나 볼 수 있을 법한, 창문도 깨지고 음침한 느낌의 덜커덩거리는 기차였지만 무사

32 2010년 튀니지 국민들이 독재 정권에 반대하여 일으킨 반정부 시위에서 시작해 북아프리카와 중동 국가로 번진 민주화 혁명이다. 민주화 시위가 처음 시작된 튀니지의 국화(國花) '재스민'에서 유래되었다.

히 '투니스마리나 역'에 도착했다. 숙소로 가는 중간에 메디나를 방문해서 수크를 잠깐 둘러보고는 골목골목을 찾아다녔다. 호텔 10층에는 스카이라운지가 있어 시내를 한눈에 볼 수 있었다. 날씨가 추워 몸을 따뜻하게 해볼 요량으로 배낭여행자의 예산 범위를 넘어 호사를 누리며 위스키 한잔을 시켰다. 자그마치 위스키 한 잔 값이 13디나르나 되었다. 이곳 물가를 생각하면 상당한 가격이었다.

마실 물은 밖에 나가서 사와야 했다. 나가는 일이 귀찮아서 물 한 병을 호텔 바에서 주문했더니 3디나르. 시중 상점에서 사는 것 보다 약 5배나 비쌌다.

하늘이 내린 선물, 시디부사이드

여행 둘째 날. 크리스마스이브.

크리스마스 분위기라곤 전혀 찾아볼 수 없는 이곳은 전형적인 아랍 국가였다. 여기서 답답했던 것은 내가 머무는 숙소가 4성급 호텔임에도 불구하고 인터넷이 수시로 끊겨서 가지고 간 노트북이 무용지물이라는 사실이었다. 1분 동안 인터넷 접속을 시도하다가 겨우 접속이 되면 바로 끊어져 다시 시도하기를 수차례. 나는 이렇게 몇 번 인터넷 접속을 시도하다가 그냥 포기하고 말았다.

호텔 내에 소재한 현지 여행사 사장을 만나 여행경비에 대해 의견을 나누었다. 예상보다 너무 비싸 결국 그냥 포기하고 원래 계획대로 '나 홀로 배낭여행'을 추진하기로 했다.

호텔을 체크아웃하고 난 후 어제 탔던 기차를 타기 위해 '투니스마리나 역'으로 가는 길에 샌드위치를 파는 가게에서 간단하게 식사를 했다. 이곳은 프랑스 식민지였던 관계로 현지인들이 프랑스인들이 즐겨 먹는 바게트를 즐기는 모습을 종종 목격하곤 한다.

나는 투니스마리나 역을 출발하여 '시디부사이드 역'에 내렸다. 그 유명한 그리스의 산토리니 섬 같은 환상적인 분위기를 연출하는 마을인 '시디부사이드'를 특징짓는 돌길, 아담한 카페, 화실 등을 하나하나 보면서 골목골목을 찬찬히 누볐다.

'성스런 사이드 씨'라는 뜻을 가진 '시디부사이드'. 눈 아래로 까마득히 푸르게 빛나는 항구, 새파란 하늘, 파란 대문과 창문, 하얀 색깔의 벽들이 따사로운 햇살과 에메랄드빛 지중해를 배경으로 아주 선명하게 마음에 다가왔다. 시간이 딱 멈춘 듯한 이곳은 16세기 스페인 안달루시아 지방 사람들이 정착하면서 발달하여서 그런지 그 지방을 꼭 빼닮은 풍경이 바로 눈앞에 펼쳐졌다. 마음속에 잔잔한 흥분이 일었다. 튀니지의 부유층들이 전부 이 동네에 사는 듯한 착각이 들 정도였다. 나는 영화에 나올법한 저택을 빠져나오는 승용차들의 모습을 보면서 재스민 혁명의 도화선이 된 튀니지 대학생의 분신자살 모습이 겹쳐 떠올랐다.

250년 역사의 '카페 데 나트(돗자리 카페)'는 작가 앙드레 지드, 알베르 카뮈, 모파상, 생텍쥐페리, 시몬 드 보부아르, 화가 파울 클레 등 수 많은 예술가들이 즐겨 찾았던 카페이다. '튀니지언 블루'의 바다색을 눈으로 직접 확인하기 위해 이곳을 찾는 많은 관광객 때문에 이른 시간 아니면 좋은 자리를 차지하기가 쉽지 않았지만, 나는 운 좋게 자그마한 창문 옆 자리를 찾을 수 있었다.

카페 한쪽 구석에 있는 화로 위 주전자에서는 차를 만드는데 사용할 물이 펄펄 끓고 있었다. 카페 직원이 가져온 작은 찻상 위에 놓인 차를 찬찬히 마시며 창문을 통해 내려다보이는 지중해와 이곳 마을풍경을 음미하는 순간만큼은 그 어느 것을 주어도 바꿀 수 없는 황금 같은 소중한 시간이었다.

튀니지의 다른 지역과는 사뭇 다른 분위기를 뿜어내는 시디부사이드를 마음에 차곡차곡 담은 후, 다시 왔던 방향으로 되돌아와 '카르타고 한니발 역'에 내렸다. 우리에게 익숙한 한니발 장군[33]을 느낄 수 있는 문화유산으로 지정된 '카르타고 유적'이 있는 '비르샤 언덕'에 올라 유적들을 찬찬히 돌아보았다. 이곳에 있는 유적들은 아직도 지난날 영광을 누렸던 기억을 어렴풋이 간직하고 있는 듯했다.

로마제국에 일격을 가한 '한니발'에 대한 복수로 로마제국이 2천여 년 전에 이곳을 철저히 응징했다. 이 도시를 송두리째 파괴하여 현재는 얼마 남지 않은 쇠락한 유적들만이 쓸쓸하게 옛 영화에 대한 향수와 고독한 시간의 흔적을 머금고 있었다.

스타워즈의 고향

여행 셋째 날. 메틀라위 역에 도착해서 아침 10시에 출발하는 붉은 도마뱀 열차탑승권을 끊었다. 열차에 오르니 객실마다 고풍스럽게 디자인해서 고풍스러운 스타일의 의자, 소파들을 객실마다 서로 다르게 배치해 놓았다. 웅장한 사암 협곡을 왕복 약 1시간 40분 정도 걸려 돌아오는 열차였다. 미국의 그랜드캐니언 일부분으로 착각할 정도로 그와 유사한 거대한 협곡으로 둘러싸인, 영화 [잉글리쉬 페이션트], [스타워즈]의 촬영

33 지금도 튀니지 사람들의 정신적인 지주인 한니발은 어렸을 적 카르타고의 영향권 아래에 있던 스페인으로 건너가 카르타고의 세력 확장에 주력해 왔다. 한니발 장군은 '제 2차 포에니 전쟁'에서 이베리아 반도를 출발해 피레네산맥과 알프스산맥을 넘어 로마를 침공했다. 참고로, 스페인 바르셀로나는 한니발의 아버지인 '하밀카르 바르카('바르카'는 페니키아어로 '천둥'을 뜻함)의 이름에서 유래하였다.

지였던 '미데스'와 '옹그쥬멜' 협곡은 혼자 가기에는 교통편 등 준비가 덜 된 곳이라 어쩔 수 없이 다음에 방문하는 것으로 아쉬움을 남긴 채 일단 열차 여행을 마쳤다.

열차 여행을 마치고 아침에 출발했던 토주르 버스정류장으로 다시 돌아가서 부근에 있는 식당에서 점심으로 일단 피자를 시켰다. 허기에 지쳐 마파람에 게눈 감추듯이 피자의 반을 허겁지겁 먹고는 나머지 반은 일단 비상식량으로 싸서 배낭에 넣어 두었다. 피자가게 주인은 내가 묻지도 않았는데 먼저 자랑스럽게 설명을 늘어놓았다.

"토주르에는 약 25만 평의 광활한 대추야자 나무숲이 조성되어 올리브와 더불어 튀니지의 주요 수출품으로 효자 노릇을 하고 있습니다."

토주르에서 다시 버스를 타고 '케빌리'를 거쳐 사하라사막 투어의 관문인 '두즈'에 약 3시간 남짓 걸려 도착했다. 남미 볼리비아의 '우유니 소금사막' 같이 제주도 두 배 크기의 광활한, 그러나 말라버린 소금사막인 '쇼트 엘 제리드'가 지평선 끝까지 뻗어있는 전경에 입이 쫙 벌어졌다. 이곳도 영화 [스타워즈]의 촬영지였지만 지금은 차량 몇 대만 지나갈 정도로 한가한 도로가 일직선으로 가로지르고 있었다.

교통편은 우리가 평소 타고 다니는 일반 버스가 아니고 '루아주'라는 한국의 마을버스 같은 미니 봉고 버스를 교통수단으로 이용했다. 내 눈 앞에 펼쳐진 광경은 점차 따분해져만 갔다.

"지금 기도시간이니 차를 중간에 세워주세요."

오는 길에 무슬림 승객들이 운전 기사에게 요청해서 차가 소금사막 한가운데에 멈춰 섰다. 이곳으로 오는 동안 가뜩이나 아랍인들 특유의 지독한 몸 냄새에 찌들었던 나는 신선한 바깥공기를 맡기 위해 얼른 차에서 내렸다. 그러나 한국에서처럼 신선한 바람이 불어오는 것이 아니라 뜨겁고 건조한 바람이 내 코를 자극했다.

맨땅에 무릎을 꿇고 기도하는 무슬림들의 모습을 보면서 이 상황을 어떻게 설명할 길이 없었다. 나는 차가 다시 출발할 때까지 기도가 방해되지 않도록 '소금사막'을 바라보면서 묵묵히 기다릴 수밖에 없었다.

두즈라는 도시는 사하라사막의 초입이라 그런지 길을 걷다 보니 모래가 여기저기서 밟혔고 모래바람이 얼굴을 때려 걷기가 매우 불편했다. 또한, 많은 청년이 사막용 오토바이를 타고 시내를 헤집고 다니는 바람에 온 도시가 오토바이로부터 뿜어져 나오는 매캐한 매연과 소음으로 정신이 없었다.

고독과 침묵, 사하라 사막

여행 넷째 날. 오전에 반나절 걸리는 사막 낙타 투어에 합류하기 위해 오전 9시까지 약속장소인 호텔 로비에 8시 반쯤 도착했다. 10시가 지나도록 픽업을 하지 않아 호텔 매니저에게 항의한 후 약 두 시간을 더 기다렸더니 4륜 구동차가 와서 낙타 탐방을 할 수 있는 모래사막 입구에 데려다주었다.

수년 전 모로코 여행 시에도 일정 때문에 하지 못했던 사하라사막 낙타 투어를 별렀던 터였다. 영화에서나 볼 수 있는 끝없이 펼쳐진 사막에서 낙타를 탄다. 이 생각에 이르니 마음이 벌써 두근거렸다.

약속장소에 갔더니 낙타 두 마리가 무릎을 꿇고 손님을 기다리고 있었다. 그런데 손님은 달랑 나 혼자였다. 나는 낙타 두 마리와 한 조로 같이 사막 안쪽으로 이동했다. 앞에서 낙타를 느릿느릿 인도하고 가고 있는 베르베르 원주민, 낙타 두 마리 그리고 나 이렇게 그 넓은 사막을 터벅터벅 가로질러 갔다. 발을 옮길 때마다 서걱서걱 소리를 내는, 끝이 보이지 않는 장엄한 모습의 모래언덕 등은 호흡이 멎을 정도로 아름다웠다. 그동안 잊고 있었던 시간과 공간을 초월한 고요함이 나를 엄습해왔다. 내 몸의 오감기능이 갑자기 정지된 느낌이었다. 사막은 왠지 모르게 조용하고 깊어 보였지만 고독과 침묵이라는 강력한 무기로 항상 이런 방식으로 우리를 단련시켜온 것 같았다. 나 역시 이 풍경을 내 자신의 내부 깊숙이 아무 저항 없이 받아들이려고 부단히 노력했다.

말은 상하로 움직이는데 반해 낙타는 앞뒤로 움직여서 그런지, 처음 낙타를 타보는 나는 공포감을 느끼며 낙타 등 위에서 진땀을 뻘뻘 흘리면서 두 시간 이상 거의 매달려갔다. 이미 허리도 욱신욱신 아파오고 허벅지와 정강이 안쪽은 낙타의 왕복운동으로 인해 벌써 일부 피부가 벗겨져 쓰라렸다. 낙타가 움직이는 리듬을 맞추지 못했기 때문이었다.

두 시간 정도 지나자 저 멀리 사막 한가운데에 천막이 보였다.

"1박 2일 관광 상품 신청 시, 하룻밤을 이곳 사막 한가운데에서 무수한 별을 보며 묵을 수 있어요."

가이드가 살갑게 말을 계속 이어 나갔다.

나는 평소 도시에서 잘 보지 못했던, 우수수 쏟아질 것 같은 별들의 향연을 이곳에서 하룻밤을 더 묵으며 즐기고 갈까, 하고 생각도 해봤지만, 일정상 포기할 수밖에 없었다.

"오늘은 점심 식사를 이곳에서 하게 됩니다."

가이드의 안내 후 약 30분쯤 기다렸을까. 그가 준비한 음식은 튀니지 스타일의 소스에 마카로니 국수를 끓여서 나온 정체불명의 단출한 식사였지만 허기진 나는 후딱 맛있게 먹어치웠다. 나는 가이드의 수고에 보답하는 의미에서 배낭에 고이 넣어두었던 한국산 컵라면 하나를 나무젓가락과 함께 주었다.

"이거 어떻게 먹는 건가요?"

그는 컵라면과 나무젓가락을 보면서 의아해했다. 나는 그에게 '컵라면 먹는 법'을 소상히 가르쳐 주었다.

내가 탄 낙타가 처음 출발했던 장소에 도착하자 또 다른 20대 외국 청년이 낙타를 기다리고 있었다. 다음 목적지로 가기 위해 시내에 있는 '루아주 정류장'으로 갔다. 버스 노선이 많지 않은 관계로 '두즈'-'케빌리'-'가베스'-'타타윈'으로 이어지는 루아주 버스를 계속 갈아타며 베르베르 원주민 마을인 타타윈에 도착한 것은 그로부터 약 5시간 후였다.

타타윈으로 가는 길은 벌써 깜깜한 밤이었다. 비포장도로를 한참 달리다가 운전기사가 길 중간에 있는 '멈춤 사인'을 보지 못하고 급정거했다. 마침 같이 타고 가던 30대 무슬림 여성에게 갑자기 쇼크가 찾아왔는지 그녀는 숨이 막 넘어가면서 울고불고 난리가 났다. 운전기사는 어쩔 수 없이 차를 미지의 도로에 세웠다. 그 여성 승객이 안정을 찾을 때까지 모든 승객이 같이 걱정하면서 상황을 지켜보고 있었다.

"어떻게 하죠?"

"인샬라! (알라신의 뜻대로!)"

운전기사는 그저 대책 없이 하늘을 쳐다보며 이렇게 외치고 있었다.

이 깜깜한 밤에 머물 숙소도, 마실 물도 없는 그러한 지점이었기에 모든 승객은 빨리 상황이 호전되기를 초조하게 기다렸다. 약 30분쯤이 지나자 다행히도 여성 승객이 정상으로 되돌아와서 우리는 모두 다시 차를 타고 무사히 타타윈에 도착할 수 있었다.

저녁을 먹기 위해 근처 식당으로 향했다. 식당에서 주문한 매콤한 '하리사[34] 소스'에 양고기 등이 듬뿍 들어간 튀니지 고유의 음식인 '쿠스쿠스'는 다행히도 내 입맛에 아주 잘 맞았다.

베르베르인의 숨결을 느끼다

여행 다섯째 날. 한국 시각으로는 이미 대낮이지만 이곳은 이른 아침이었다. 방에서는 스마트 폰으로 인터넷을 사용할 수 없어서 와이파이가 잘되는 호텔 로비로 나갔다.

아침 식사 후 근처에 있는 베르베르 원주민들의 삶의 터전인 '셰니니'를 방문하기 위해 택시기사와 흥정을 하고 있었다.

"적절한 돈을 주시면 제가 이곳을 안내할 용의가 있습니다."

남루한 복장의 어떤 50대 현지 남성이 다가와 제안했다.

한참을 옥신각신 한 끝에 우리 세 명과 비용을 합의한 그는 털털거리는 폐차 직전의 그의 고물차를 몰고 약 30분 정도 걸려 셰니니에 도착했다. 이곳에 도착하자 튀니지 전통복장을 한 그는 품에서 수첩을 꺼내 자기가 안내했던 외국 관광객들이 적은 방명록 비슷한 것을 우리에게 보여주었다. 어느 한국 여대생이 이곳에 혼자 배낭여행을 왔는데 '잘 안내해 준 것에 대해 감사합니다.'라고 한글로 또박또박 쓴 내용도 나에게 보여주었다. 이런 오지까지 어린 한국 여학생이 혼자서 배낭여행을 왔다는 사실이 무척이나 대단하고 대견스러웠다.

---

34 튀니지 요리에 있어서 가장 기본적인 양념으로서, 한국의 고추장처럼 '마그레브 지역' 사람들이 즐겨먹는다. 고춧가루에 마늘, 향신료, 소금, 올리브유 등을 섞어 다지는데 매운맛이 아주 강하다. 주로 빵에 곁들여 이 소스를 먹지만 '쿠스쿠스' 같은 튀니지 전통요리의 기본양념으로 사용되기도 한다.

셰니니 지역은 마치 멕시코의 어느 황량한 협곡 또는 미 서부의 그랜드 캐년의 일부와 유사하게 생겼다. 약 500m의 고산지역에 굴을 파고 혈거 형태로 사는 그들의 생활상이 그대로 남아있었다. 다른 마을과 마찬가지로 모스크를 중심으로 마을이 형성되어 있었는데 수백 년 전으로 시간이 딱 멈춘 것 같은 느낌을 받았다. 이곳을 상징하는 키워드는 바로 삭막함 그 자체였다.

크사르 울레드 솔탄을 방문한 뒤 마트마타 지역으로 이동했다. 이곳으로 가는 동안 사람을 한 명도 볼 수 없었고 가는 길은 황량하기 그지없었다. 이곳에서도 지하에 움집을 파서 사는 베르베르인들의 생활상을 마찬가지로 엿볼 수 있었다. 토착적 상상력을 발휘해 지하에 움막을 파서 만든 이 호텔에서 영화 [스타워즈]를 촬영해서 그런지 지금도 세계적인 관광지로 주목을 받는 것 같았다. 땅을 깊게 파고 거미줄같이 동굴 방을 서로 연결한 혈거 형태의 가옥구조가 눈을 사로잡았다. 동굴 호텔 로비에 붙은 영화 [스타워즈] 포스터 한 장이 영화촬영 당시를 떠올리게 했다.

호텔 자체가 동굴을 파서 만든 특이한 구조여서 화장실과 샤워장은 별도로 떨어져 있었다. 묵는 방 역시 동굴을 파서 만든 형태여서 특이한 경험을 하게 되었다.

투니스에서의 마지막 밤

여행 여섯째 날. 아침 일찍부터 서둘러 가베스로 가기 위해서는 루아주 버스를 타고 중간 정류장인 '뉴 마트마타'에 내려 다시 갈아타야 했다. 문제는 버스가 올 때마다 현지인들이 순서를 지키지 않고 우르르 몰려 차를 타는 바람에 차에 오를 기회가 오지 않아, 두 차 이상을 그냥 보낸 후

세 번째가 되어서야 간신히 차를 잡아탈 수 있었다.

엘젬의 로마유적인 원형경기장을 일정상 보지 못하는 게 다시 아쉽게 느껴졌다. 그러나 한편으로는 서기 670년에 지어진 북아프리카[35]에서 제일 오래된 모스크를 보는 것이 이슬람 국가를 여행하는 배낭여행자로서 옳은 결정이라는 생각이 들었다.

카이로우완으로 가는 길은 황량한 전경만이 그 자리를 차지하고 있어 다소 지루했다. 카이로우완에 내리자마자 택시를 타고 부랴부랴 그랑 모스크(시디 오크바 모스크)로 달려갔다. 이 모스크는 사우디아라비아, 모로코, 시리아 등지에서 그동안 보아왔던 모스크들과는 건축양식이 아주 달랐다. 특히 대리석 기둥을 유럽에서 직접 수입하여 혼합해서 건축한 양식이라 기둥에서 가끔 십자가 문양을 볼 수 있었다.

근처에 있는 '튀니지 샐러드'를 만드는 가게에 가서 샐러드를 시켜 먹고는, 근처 루아주 정류장에서 수도 투니스로 향했다.

차 안에서 석양을 즐기면서 가고 있는데 갑자기 운전기사가 차를 잠깐 멈춰 섰다.

"무슨 일 있어요?"

"저 앞에 있는 모스크에 가서 잠깐 기도를 하고 오겠습니다."

그는 승객들에게 이렇게 말한 후 모스크 안으로 쑥 들어가 버렸다.

우리는 운전기사가 기도를 마치고 모스크를 나올 때까지 약 20분 이상 기다렸다. 모스크에서 나온 기사는 차에 다시 시동을 걸었다. 저녁 무렵의 검붉은 석양이 모스크 너머로 서서히 지고 있었다.

---

35 '아프리카'라는 단어의 어원은 '아프리키야(Afriqiyah)'에서 유래되었고, 이는 고대 튀니지 지역을 뜻한다고 한다.

여행 마지막 날. 두바이행 오후 2시 40분발 비행기를 타야 하기에 정오까지는 공항으로 갈 예정으로 여유 있게 아침 8시쯤 숙소를 나왔다.

"혹시 공항 내에 VIP 라운지가 있습니까?"

나는 공항에 도착하자마자 직원에게 알아봤다. 다행히 이곳에서도 VIP 라운지가 운영되고 있어 라운지에 자리를 잡은 후 샌드위치로 간단한 식사를 하고 홍차를 마셨다. 그러고는 출국시간이 좀 남아서 면세점을 구경하게 되었다.

문제는 튀니지 돈이 조금 남아 그 금액에 맞게 다 소진하려고 면세점에서 물건을 고른 후 계산대에서 계산하려고 카운터로 갔다.

"죄송하지만, 이곳에서는 튀니지 돈은 받지 않습니다."

직원은 쌀쌀맞게 말했다.

"여기가 튀니지인데, 튀니지 돈을 받지 않는 게 말이 돼요?"

나는 몹시 화가 나서 그 직원에게 불평을 늘어놓은 후 물건을 도로 제자리에 놓고 그냥 나와 버렸다. 이 돈을 다 소진하지 못하면 그냥 기념지폐로 보관할 수밖에 없다, 라는 생각이 들었다.

"이곳에서는 튀니지 돈을 받나요?"

나는 마지막으로 커피를 마시려고 카페에 들러 직원에게 다시 물었다.

"물론이죠."

직원의 대답에 나는 남은 튀니지 돈으로 커피도 마시고, 진열해 놓은 튀니지 특산품인 대추 열매와 딸기잼을 사는 등 튀니지 돈을 탈탈 쓰고 나서야 비로소 마음에 평온이 찾아왔다.

온몸에 흐르는 끼, 쿠바

나는 쿠바[36]에 가기 몇 년 전부터 쿠바에 대해 귀가 따갑도록 들었다. 항상 사람들의 입에서는 언제 한번 쿠바에 가보나, 라는 말이 입에 붙을 정도의 로망의 나라. '부에나비스타 소셜 클럽'을 위시하여 재즈, 랩, 살사, 룸바 등으로 대변되는 음악의 나라. '체 게바라', 사회주의 혁명 등으로 상징되는 현재 쿠바의 사회주의 체제와는 상관없이 마음에서 말하는 대로 자기 흥을 있는 그대로 음악과 함께 표현할 수 있는 사람들이 골목마다 가득한 나라. 이곳이 바로 쿠바이다.

서방세계와의 기나긴 단절이 만들어낸 독특한 문화, 고유성이 나를 쿠바로 이끈 가장 큰 요인이었다. 그곳에서 나는 뭔가 특별한 느낌을 갖게 되었다. '카리브해의 진주'라고 불리는 쿠바의 민낯을 보고 느껴서 그런지 평생 지속하고도 남을 아련한 추억이 유달리 많았던 여행이었다.

---

36 '쿠바'는 카리브 해의 '히스파니올라 섬'에 살던 아라와크 인디언인 '타이노 족'들이 '비옥한 땅이 넘쳐나는 곳'이라는 의미로 '쿠바오'로 부른 것에서 유래했다.

아바나의 치명적 유혹

2011년 9월. 여행 첫째 날. 경유지인 멕시코에서 간단히 여행을 마친 후 이번 여행의 최종 목적지인 쿠바로 가기 위해 일찌감치 멕시코시티의 '소칼로 광장' 뒤편에 있는 숙소에서 나와 공항으로 향했다. 공항에 도착하자마자 쿠바의 비자 대행으로 쓰이는 여행카드[37]를 산 후 출국 절차 끝에 '아에로 멕시코 항공'에 몸을 싣고 그렇게도 그리던 쿠바로 향했다.

이륙 후 약 1시간 40분 후쯤 쿠바의 수도인 '아바나'의 '호세 마르띠 공항'에 도착했다. 한가하다 못해 썰렁한 활주로가 초록의 열대 나무와 함께 제일 먼저 내 눈앞에 다가왔다. 기온이 약 30도를 넘나드는 무더위에 숨이 탁탁 막혔으나 그토록 가고 싶었던 낭만, 음악, 정열로 함축되는 쿠바에 왔다는 느낌에 모든 짜증이 일시에 사라졌다. 인천에서 출발하여 일본 도쿄, 미국 시카고, 멕시코시티를 경유, 천신만고 끝에 이곳 쿠바에 도착하기까지 대기시간 등을 빼고 총 순수 비행시간만 약 19시간 10분이 걸린 셈이었다.

아바나 공항의 출입국 사무소 직원은 여권이 아닌 여행카드에 입국 도장을 쾅 찍어주었다. 공항 앞에선 택시기사들이 항공기에서 내린 여행자들을 서로 끌어가려고 와자지껄 정신이 없었다. 나는 안내대에서 '까사 빠르띠꿀라르Casa Particular(민박)'위치를 확인한 후 택시를 타고 시내로 들어갔다. 약 30분 정도 지나 '올드 아바나' 지역에서 택시에서 내렸다. 1982년도에 유네스코 문화유산으로 지정된 이 지역은 중세부터 현대에 이르기까지 스페인 식민지 시대의 다양한 양식의 건축물들로 가득했

37 '여행카드'는 예전 한국의 출입국 카드처럼 생긴 종이로서, 출입국 도장은 '여행카드'에만 찍고 여권에는 찍지 않기 때문에 여권에는 쿠바를 다녀왔다는 출입국 도장이 전혀 남지 않게 된다. 즉, '여행카드'에 입국 및 출국 도장을 각각 찍어 도로 회수하는 시스템이다.

다. 좁고 오래된 미로 같은 골목들은 칠한 지 오래돼 희미하게 색이 바랜 낡은 건물들로 서로 뒤엉켜있었다. 이곳은 영화에서나 나올 법한 나름의 운치가 있는 곳으로 관광객들의 사랑을 듬뿍 받고 있었다. 올드 아바나는 그 자체가 쿠바의 자산이라 해도 과언이 아닐 정도다.

골목골목마다 네 명 정도로 구성된 현지인 밴드가 만들어내는 라틴풍의 타악기 리듬에 살사 춤을 추는 현지인들이 눈에 많이 띄었다. '아마도 나같이 음악을 좋아하는 여행객들은 쿠바를 쉽사리 빠져나올 수 없을 것 같다.'라는 예감이 들 정도로 골목은 쿵쾅대는 음악이 넘쳐흘렀다.

투어버스는 외국 관광객들을 의식해서인지 현대식이었지만 시내를 달리는 대부분의 차들은 1940년대식 시보레 자동차를 위시해서 골동품에 따르는 폐차 수준의 차들이어서 서로 묘한 대조를 이루고 있었다. '이 차들이 시내 거리는 과연 굴러가기나 할까.'하는 의구심이 드는 수십 년 된 고물 차들이 뿜는 매연으로 눈이 따가 왔다. 1950년 이후 쿠바 정부가 자동차 수입을 전면 금지한 탓에 빈티지풍의 오래된 차들을 직접 수리해서 타고 다니는 기술이 꽤 발달한 것 같았다.

길을 걷다가 현지인들이 긴 줄을 서 있기에 '무슨 일인가'하고 창문에 손바닥을 갖다 대고 안을 들여다봤다. 빵, 달걀 등의 배급 물품들이 보였다. 대출 장부 같은 수첩(쿠폰)을 수령인들로부터 일일이 확인한 후 식료품을 배급하는 모습을 보았다. 여기는 사회주의 국가였다.

선진 의료기술을 가진 쿠바는 제3국 의사들을 초청해서 쿠바 내에서 자체 교육도 하고 반대로 외국에 파견을 나가서 무료 의료 활동을 한다. 그러나 의사들의 월급이 한국 돈으로 몇만 원밖에 되지 않는 참으로 이해하기 힘든 나라 중의 하나이기도 하다.

저녁에는 그 유명한 미국 작가 헤밍웨이가 자주 들락거렸다는 '라 보데기따 델 메디오'바를 찾아갔다. 이곳은 항상 전 세계에서 찾아오는 방문객들로 인해 빈자리를 찾기가 쉽지 않았다. 바의 벽면에는 여기저기 헤밍웨이의 흔적이 보였다. 헤밍웨이의 초상화를 비롯해서 쿠바 국기, 카스트로 수반과 함께 악수하는 사진 등이 걸려있었는데 나에게는 매우 생소하게 다가왔다.

작가이자 낚시광이었던 헤밍웨이는 반평생을 아바나에서 보내면서 [노인과 바다], [누구를 위해 종을 울리나] 등과 같은 역작을 이곳에서 썼다. 이는 아마도 무어라 형용할 수 없는 쿠바만이 가지는 분위기가 그가 작품들을 완성할 수 있었던 모티브가 된 것은 아니었을까?

"스페인 노래 몇 곡 신청해도 될까요?"

나는 내가 알고 있는 스페인 노래 몇 곡을 신청하고는 대신에 감사의 표시로 그들의 공연내용이 담긴 CD 몇 장을 기념으로 샀다.

역시, 트리니다드

여행 둘째 날. 나는 쿠바 남쪽, 유네스코 문화유산으로 지정된 '트리니다드'로 가기 위해 버스터미널로 택시를 타고 갔다. 대기실에서 약 한 시간 정도 버스를 기다린 후 비아술[38] 버스에 올랐다. 버스 안은 쥐죽은 듯 적막감만이 흘렀다. 트리니다드로 가는 길은 대부분이 열대 야자수 등이 뿜어대는 초록색뿐이었고 인공적인 건축물은 거의 보이지 않았다. 덕분에 드넓은 하늘에 구름이 낮게 흐르는 순수 자연을 몇 시간이고 충분히 만끽할 수 있었다.

38 도시를 잇는 시외버스 종류로는 '비아술'과 '아스뜨로' 두 종류가 있다. 전자는 경유지가 적어 상대적으로 더 빠르기에 가격도 좀 비싸고 주로 외국인이 이용하는 반면에 후자는 현지인들이 주로 이용한다.

밖 온도는 섭씨 30도를 훌쩍 넘기고 있었지만, 외국인들이 즐겨 타는 버스인 이 버스 내부는 에어컨을 너무 세게 트는 바람에 승객들 모두가 옷을 두껍게 껴입었다.

약 6시간이나 걸려 트리니다드 버스정류장에 무사히 도착했다. 한국의 시골정류장 같은 한적한 정류장이었다. 한국의 도로 사정 같으면 차로 약 세 시간 정도면 충분히 갈 수 있는 거리였으나 이곳은 두 배 이상 걸리는 것 같았다.

까사 주인들이 여행객들을 자기들 까사로 유치하기 위해 서로 뒤엉켜 쟁탈전을 벌이는 바람에 정류장은 온통 아수라장이 되었다. 나는 30대 초로 보이는, 곱슬머리의 약간 통통한 여성과 숙박비를 흥정한 후 정류장에서 걸어서 약 5분 거리에 있는 그녀의 까사로 가서 짐을 풀고 주위를 찬찬히 둘러보았다.

좁은 골목을 다니다 보니 색 바랜 셔츠에 낡은 바지를 입은 전형적인 현지인 남성들이 동네 어귀에 삼삼오오 모여 잡담을 하거나 마작 게임과 유사한 도미노 게임[39]을 하는 모습을 심심치 않게 볼 수 있었다. 그들의 얼굴에서 삶에 지친 모습들을 역력히 읽을 수 있었다.

골목 모퉁이를 돌아서니 한국의 시골 동네같이 손녀가 할머니와 정담을 나누는 모습이 눈에 띄었고, 건너편에 있는 정육점 주인은 익살스러운 표정으로 이방인을 맞이했다. 아담한 이곳 오후는 느림의 미학을 몸소 실천이라도 하듯 느릿느릿 지나가는 것 같았다.

카리브의 뜨거운 날씨는 무척 무더웠다. 걷는 것도 다소 무리가 있어서 근처에 있는 '앙콘 비치'를 가기 위해 '코코택시'(코코넛 모양을 닮은 오토

39 나무나 기타 재료로 만든 직사각형 모양의 작은 패를 가지고 쓰러뜨리기를 하는 게임이다. 현재 경제용어로 사용되는 '도미노 원리'는 이 '도미노'라는 단어에서 유래되었다.

바이를 변형한 노란색 3륜 택시)를 잡아타고 약 30분 정도 달리니 드넓은 비치가 내 앞에 펼쳐졌다.

어느 나라 해변이든 다 아름답게 느껴지겠지만 특히 앙콘 비치는 6층짜리 '앙콘 호텔'을 빼고는 건물이 하나도 보이지 않았다. 또한, 그 기나긴 해변에 사람들이 수십 명도 채 되지 않아 내 경험상 최고로 조용하고 안락한 비치였다. 때가 묻지 않은 비치의 모습에 마음을 빼앗겨 잠시 발길을 멈춘 후, 카리브해에 서서히 몸을 담그니 바닷물은 물을 덥혀 놓은 듯 따뜻하게 느껴졌다.

바다를 응시하고 있는데 저 멀리 먹구름이 검게 뒤덮고 있었다. 검은 먹구름은 갑자기 내가 있는 방향으로 거센 바람과 함께 몰려와 잔뜩 찌푸린 얼굴을 하더니 이내 굵은 빗방울이 후드득 떨어지기 시작했다. 이렇게 하늘에 구멍이 뻥 하고 뚫린 것처럼 '스콜(열대 소나기)'는 내리고 다시 개기를 몇 번이나 반복했다.

택시를 잡아타고 숙소로 돌아오는 길에 트리니다드 시내 골목골목을 지나가게 되었다. 한 가지 인상적인 것은 길바닥을 자갈로 깔아 비가 내려도 배수가 잘되게 한 지혜가 돋보였다.

또한, 다닥다닥 집들이 붙어 있는 골목길은 기와도 낡고 허름한 집들이 대부분이었다. 마치 약속이라도 한 듯 집마다 알록달록, 속삭이듯 모여 저마다 다른 원초적인 색깔들을 뽐내며 스페인 식민지시대의 특유한 원색의 향연을 펼치는 듯했다. 집 외벽, 문, 창틀에 칠한, 다른 곳에서는 볼 수 없는 그들 나름의 독특한 색깔은 개성이 물씬 풍겼다. 옛날의 화려함을 아직도 고스란히 간직하고 있어서 하나하나를 오랫동안 쳐다보고 있으면 오랫동안 그곳에 숨겨져 있던 엄청난 저마다의 이야기가 쏟아져 나올 분위기이다. 그래서 그런지 이곳은 늘 사람들의 발걸음이 끊이지 않는다.

까사로 돌아오니 숙소 여주인의 딸로 보이는 약간 통통한 모습의 초등학교 여학생이 있어, 간단한 스페인어로 떠듬떠듬 이야기를 나눈 후 저녁 식사를 같이했다.

"오늘 저녁에는 특별히 바닷가재 요리를 했으니 많이 드세요."

한국에서는 비싼 바닷가재 요리를 만들었다고 여주인이 생색을 냈다.

"자, 여기 얼마 되지는 않지만, 학용품 사는 데 써라."

나는 이렇게 말하면서 그녀의 딸에게 미화 10달러를 주었더니 여주인의 얼굴이 환하게 펴지면서 함박꽃 같은 웃음이 번져나갔다.

나는 저녁 식사 후 숙소 근처에 있는 '음악 광장'을 찾았다. 이곳에서 펼쳐지는 정통 라틴 음악과 현란한 춤은 이곳을 찾은 수백 명의 외국 관광객들의 마음을 사로잡고도 남았다.

트리니다드의 밤은 이곳에서 울려 퍼지는 음악, 춤의 열기로 후끈 달아오르고 있었다.

증기기관차의 추억

여행 셋째 날. 나는 일찌감치 아침 식사를 하고 까사에서 나와 어제 입수한 기차 시간표를 들고 역으로 발길을 옮겼다. 트리니다드에서 기차로 약 한 시간여 거리에 있는 유네스코 세계문화 유산인 '잉헤니오스(설탕공장)계곡'을 갔다 오기 위해서였다. 이 증기기관차가 출발하는 역으로 향하는 길은 가까운 거리였으나 조금 걸으니 벌써 땀이 주룩주룩 흘러 뺨을 적시는 바람에 할 수 없이 지나가던 인력거를 잡아탔다.

잉헤니오스 계곡 근처에는 19세기에 약 50개의 농장이 있었는데 현재는 모두 사라져버렸다. 이곳은 1988년도에 트리니다드와 함께 유네스코 문화유산으로 지정되어 세계에서 이곳을 보기 위해 많은 관광객이 몰려온다.

쇠락한 기찻길을 아침 9시 30분에 출발하여 오후 2시 정도에 역으로 다시 돌아오는 추억의 증기기관차 코스에 합류했다. 열대 야자수, 사탕수수 숲 등 자연의 파노라마로 가득한 초록의 향연을 만끽하며 시속 20㎞의 증기기관차로 느릿느릿하게 여행하는 느림의 미학을 즐기는 프로그램에 외국인 관광객들은 모두 마음이 들떠있었다. 모두 검은 연기를 하늘로 내뿜으며 기적 소리를 내는 기관차를 정겹고 소중하게 여기는 분위기였다.

객실은 창문이 없는 오픈 구조라서 창문 사이로 나뭇가지가 걸리기도 했지만 빼곡하게 심은 열대 야자나무들이 뿜어내는 촉촉한 나무 냄새가 바깥에서 기관차 안으로 쏟아지듯 들어왔다. 증기기관차를 타고 가면서 내다본 거리 풍경은 마치 시간이 1960년대에 딱하고 멈춘 듯했다.

밖으로 보이는 야자수 숲은 광활한 초록의 빛깔로 관광객들의 몸과 마음을 싱그럽게 달래주고 있었다. 객실에서는 중년의 현지 악사가 기타를 치면서 쿠바민요 등 라틴 음악을 부르자 그 분위기는 절정에 이르렀다. 모두 노래를 따라 부르며 진정한 카니발을 즐기는 듯했다.

증기기관차는 한 시간을 달려 '마나까 이스나가 역'에 도착했다. 1830년대에 세워진 '노예감시탑'에 올랐는데 나무계단이 너무 가팔라 조금 애를 먹었다.

"44m 높이의 이 감시탑은 당시 사탕수수 농장을 경작하기 위해 부렸던 노예들을 감시하기 위해 세워졌어요."

관리인이 나에게 노예감시탑에 관해 설명했다.

따가운 햇볕을 피부로 느끼면서 이 탑 꼭대기에 오르니 드넓은 농장이 내 눈 아래로 쫙 펼쳐졌다. 당시 쇠사슬에 묶인 채 채찍을 맞아가며 노동을 해야 했던 노예들 생각이 제일 먼저 마음에 와닿으면서 당시 노예들의 응어리진 한이 진하게 느껴졌다.

1795년도에 쿠바에서 손꼽히던 부자인 '페드로 이스나가'가 지은 저택이 아직도 남아있었지만, 지금은 관광객들을 위한 식당으로 사용되고 있었다. 노예를 사고팔아 쿠바 최고의 부자가 된 그의 당시의 재력을 피부로 느낄 수 있을 정도로 그 저택 규모가 웅장했다.

휴식시간에 이 식당에서 마주친, 보헤미안 같은 추억을 던져준 4인조 현지 쿠바인 밴드의 감미로운 순수 쿠바음악과 귀에 익은 라틴 음악은 나에게 이국적인 황홀감을 선사했다.

잉헤니오스 계곡에서 트리니다드로 돌아오는, 때가 전혀 묻지 않은 증기기관차 여행은 초등학교 때 소풍에서 느꼈던 설렘과 진한 여운을 남겼다. 때로는 굽어지기도 하고 때로는 곧바로 펴진 철로처럼 인생도 저렇게 굽었다가 펴지는 것을 반복하면서 흘러가겠지.

까사에서 저녁 식사를 한 후에는 '까사 데 라 무시까Casa de la Musica'에서 주최하는 야외 음악공연에 가서 수많은 외국인의 살사 춤과 쿠바음악을 즐겼다. 이곳에 모인 사람들은 국적, 성별, 피부색, 사회적 신분 등 모든 것을 초월한 채 음악 그 자체만을 몸으로 받아들이며 서로 소통하고 있었다.

우연히 오전에 기관차 여행에서 만났던, 터키에서 온 20대 여성을 다시 만나게 되어 서로 세상 돌아가는 이야기를 하면서 모히또 몇 잔을 같이 홀짝였다.

"우리 엄마는 음악을 전공한 후 터키에 있는 한 교향악단에서 단원으로 활동을 하고 있어요."

"저도 바이올린 연주를 할 줄은 알지만, 음악과는 거리가 먼 NGO 단체에서 현재 활동을 하고 있습니다."

"마침 휴가를 얻어 과테말라, 니카라구아, 콜롬비아 등을 여행한 후 쿠바에 왔어요."

서글서글한 눈매를 가진 그녀는 말을 계속해서 이어 나갔다.

우리 둘은 마치 오래전부터 알고 지낸 사이처럼 살가운 분위기를 이끌어 나갔다. 밤이 꽤 깊었지만, 그녀는 무엇인가를 계속 이야기하고 싶은 눈치였다. 시간이 더 흘러 그녀는 먼저 자리를 일어나 숙소로 떠났고 나는 좀 더 음악을 즐기기 위해 사람들을 헤치고 앞자리로 나아갔다.

서로 다른 언어를 사용하며 수다를 떠는 수많은 외국 관광객들은 콩가[40]를 연주하는 현지 쿠바밴드의 귀에 착 감기는 생음악에 맞춰 몇 시간이고 끊임없이 계속되는 춤의 향연에 온몸을 빠뜨리고 있었다. 그들이 가장 인간적인 모습으로 서로의 숨결을 느끼고 세계 공통 언어인 음악을 통해 감상에 젖으며 서로를 이해하는 사이에 쿠바의 밤은 자꾸 깊어만 갔다.

---

40 옛날 아프리카 콩고지방에서 끌려온 노예들로부터 라틴아메리카에 전해진 '아프로 쿠반Afro Cuban음악'의 뿌리와도 같은 악기로 봉고와 비슷하다. 나무로 만든 통 위에 가죽을 덧대어 만들었는데 한쪽만 가죽 막이 있다. 가죽 막은 두꺼운 소가죽을 쓰기에 음량이 매우 크고 힘차게 울린다.

말레콘 해변의 노을

여행 넷째 날. 나는 숙소에서 간단하게 아침 식사를 챙겨 먹고는 오전 7시 30분에 출발하는 버스를 타고 약 6시간 걸려 아바나로 다시 돌아왔다. 이번에는 지난번에 묵었던 올드 아바나가 아닌 시내 중심에 가까운 까사를 찾아 묵게 되었다.

이곳은 여행 책자에도 소개된 곳인데 시설이 매우 넓고 깨끗하며 고풍스러운데다 주인아주머니가 영어도 잘 구사할 줄 알아 아주 마음에 들었다. 특히 이 집은 쿠바라는 나라의 국민소득 수준을 고려하면 상당히 고급스러운 집에 속했다.

나는 숙소에서 휴식을 취한 후 밖으로 나와 카리브해 파도가 밀려 들어오는 연인들의 데이트 장소로 유명한 '말레콘 해변'으로 향했다.

해변으로 가는 길에 교회 건물이 눈에 띄었는데 신도들이 모여 찬송가를 부르는 모습을 보고 매우 놀랐다. 정치적으로 종교의 자유가 완전히 보장된 것일까 아니면 북한처럼 정치적인 몸짓을 보여주는 것일까? 나는 이 광경에 엄청난 의구심이 문득 들었다.

교회 건물을 지나 약 5분쯤 걸어 나가니까 엄마 품처럼 아바나를 길게 포옹하고 있는 말레콘 해변이 광활하게 눈앞에 펼쳐졌다. 내가 이곳을 찾은 이유는 약 7㎞에 달하는 방파제로 이루어진 말레콘의 노을이 얼마나 로맨틱하고 아름다운 느낌을 주는지를 마지막으로 내 눈으로 설렘을 가지고 직접 확인하고 싶어서였다. 한참을 공허한 눈으로 해변을 물끄러미 봤다. 어느새 해는 뉘엿뉘엿 서쪽으로 기울고 저 멀리 파스텔 색조의 황혼이 대신 자리를 잡았다.

코스로 주문한 식사를 마치고 올드 아바나 방향으로 한참을 걸어가고 있는데 야외에 있는 공공 극장에서 마침 '멕시코 독립기념일'을 축하하는 공연을 하느라 주위에 엄청난 음악 소리가 귀를 울렸다.

나는 가던 길을 멈추고 그 야외극장으로 들어갔다. 가수들이 무대에 나와서 수백 명의 관중과 함께 멕시코 노래들을 부르며 열광하고 있었다.

"지금 어떤 행사를 하는 것인가요?"

나는 옆에 있는 현지인에게 물어봤다.

"쿠바에 거주하는 멕시코 인들과 함께 멕시코 독립기념일을 축하하는 행사를 하는 중입니다."

그는 이방인인 나에게 환한 미소를 띠며 대답했다.

마지막 순서로 주 쿠바 멕시코 대사, 무관들도 모두 나와서 경축행사의 말미를 장식하는 것을 보고서야 나는 자리를 일어섰다. 골목에서 마주친, 영어로 쓰인 미국산 티셔츠를 입고 있는 청년들을 떠올리면서 사회주의 국가인 쿠바라는 나라에 대한 정체성에 대해 갑자기 많은 혼란이 생겼다.

시간 여행, 아듀

여행 다섯째 날. 숙소에서 일어나 주위에서 가벼운 산책을 했다. 아침식사 후 경유지인 멕시코시티로 가는 비행기 출발시각이 남아 배낭에 넣어 두었던 스페인어 회화책을 꺼내어 다시 쭉 보고나니 어느덧 출발시각이 다 되었다.

나는 숙소 주인아주머니와 작별인사를 한 후 택시를 타려고 길에 서 있었다. 마침 털털거리는 고물 승용차가 내 앞에 갑자기 멈춰 섰다. 적어도 수십 년 동안 계속해서 고치고 또 고쳐서 사용하고 있는, 승용차 문도 제대로 닫히지 않는 폐차 직전의 승용차였다.

차를 몰고 가는 현지인 남성은 '낡은 차면 어떠냐'라고 생각하는 듯 아무렇지 않게 나를 태우고는 공항으로 달려갔다. 공항에 도착해서 출국 절차를 마친 후 시간이 어느 정도 남아 이곳저곳을 기웃거렸다. 나는 '기념품으로 무엇을 살까?' 고민하다가 역시 쿠바를 상징하는 라틴 음악 CD 몇 개와 조그만 봉고를 기념품으로 샀다.

한참을 공항 의자에 앉아 탑승을 기다리고 있었다.

"멕시코시티행 비행기 출발시각이 약 세 시간 정도 지연되니 양해 바랍니다."

안내데스크 직원의 안내를 듣고는 나는 로비에 있는 긴 의자에 철퍼덕 누워 쪽잠을 청했다.

세 시간을 지루하게 기다린 후 비행기에 탑승한 나는 '수십 년 전으로 되돌아간 듯한 시간여행이 거의 끝나간다.'라는 안도감에 긴장이 확 풀렸다. 항상 여행이 끝날 즈음이면 형용할 수 없는 아쉬움이 해일처럼 마음속 깊은 곳까지 밀려들어 오기 마련이다. 특히 시간이 딱 멈춘 것 같은, 이국적인 이번 쿠바여행 역시 예외가 아니었다.

에필로그

'여행=소통'이라는 게 내 지론이다. 여행 전에 그 나라 언어를 포함한 문화와 역사를 사전에 공부하고 가게 된다. 그 나라와 그 나라 사람들을 이해하려고 노력하다보면 서로 교감이 생기면서 소통이 이뤄지게 된다.

'여행은 인간을 겸허하게 만든다.'라는 구절은 여행을 통해 소통에 대해 배우는 것이라는 교훈을 내포하고 있다. 이 구절에 나오는 '겸허'라는 단어가 전제 조건이 된다. '겸허'는 '겸손', '내려놓는 것'을 의미한다.

대나무는 잘 알다시피 뿌리가 얕다. 뿌리가 얕기에 아름드리나무처럼 옆으로 넓게 뻗어 자랄 수가 없다. 그래서 대나무는 생존을 위해 속을 비움으로써 위로 쭉쭉 뻗어 나갈 수 있다. 더 나아가 대나무는 중간마다 마디를 만들며 쉬엄쉬엄 자라지만 나중에는 이처럼 속을 비우고, 느림의 미학을 실천하면서 하늘 높이 자라게 된다. 그래서 여행자란 대나무 같은 것일지도 모르겠다.

그 나라 사람들을 이해하는 것이 여행의 전제 조건이라면 평소 흔히 쓰는 '이해'라는 단어를 우리는 과연 얼마나 '이해'하고 있을까?

흔히들 한자를 '뜻글자'라고 말하지만 몇몇 영어단어에서도 한자만큼이나 심오한 뜻을 발견할 수 있다. 나는 이해의 차원에서 여행한다고 언급했는데, 우리가 평소 많이 사용하는 '이해'를 뜻하는 영어단어는 어린 학생들도 익히 알고 있는 'understand'이다. 그러나 이 'understand'가 'under'와 'stand'의 합성어라는 사실을 알고 의식적으로 사용하는 사람은 별로 많지 않다. 글자 그대로 'under(밑)'에 'stand(서다)'라는 뜻으로서 얼마나 심오한 뜻을 지녔는지 알 수 있을 것이다. 다시 말하면 '밑에 선다'라는 뜻은 '다 내려놓고 상대를 존중하는 겸손한 상태'가 되는 것을 의미한다.

주위에서 '이해했다' 또는 '알겠다'라고 말하고는 나중에 엉뚱한 소리를 하는 경우를 종종 보아왔을 것이다. 결국, 귀를 막고 소통이 되지 않아 불통에 이르는 경우이다. '이해understand'라는 단어는 소통의 뿌리를 형성하는 바탕을 이루고 있기에 지금부터라도 이 단어를 사용할 때에는 그 의미를 되새기면서 사용해야 할 것이다. 소통이란 상대방에게 일방적으로 나를 이해시키려는 과정이 아니기에 당사자 간에 서로 생각하는 방향이 맞지 않으면 불통이 되고 더 나아가 내 생각만 끝까지 고집하면 먹통이 된다는 점이다.

혹시 '다른' 게 있다 하더라도 '틀린' 게 아니기에, 서로 '다름'과 '틀림'을 포용하면서 서로를 이해하려고 노력한다면 소통에 한 발자국 더 가깝게 다가갈 수 있을 것이다. 그렇게 함으로써 서로 이해를 한다면 혹시 가졌을지도 모를 오해의 상당 부분이 많이 해소되어 작게는 가정에서부터 조직, 사회, 더 나아가 국가 간의 관계에 있어서 건강한 모습이 나타나게 된다. 그래서 나는 오늘도 열심히 '바깥 세상'을 '이해'하려고 여행용 배낭과 신발 끈을 동여매고 있는지도 모른다.

우리는 어려서부터 항상 한국이 중심이 되어있는, 망망대해의 태평양이 나오는 세계지도에 익숙하다. 영화에서 가끔 보듯 유럽 국가들은 유럽대륙이 중심이 되는 세계지도를 일상적으로 사용하고 있는데 우리는 이 부분을 간과하고 있는 것 같다. 강의 때마다 나는 180도 '거꾸로 된 세계지도'를[41] PT 자료에 반드시 포함한다. 이 '거꾸로 된 세계지도'에서 한국은 과연 어디에 있을까? 이 지도를 찬찬히 보노라면 실제로 바뀐 것은 없는데 한반도의 위치가 전혀 새로운 모습으로 생소하게 다가옴을 경험했을 것이다. 평소 우리 눈에 익숙했던 위치와는 전혀 다른 엉뚱한 곳에 한국이 있어 당황스럽기조차 하다. 이 지도는 지도를 그릴 때 항상 북쪽을 위로 그려야 한다는 지금까지의 통념을 뒤집고 있다.

소통의 근간은 이해에서 시작된다고 위에서 언급한 바 있다. 이에 대한 가장 기본적인 태도는 '입장을 서로 바꿔서 보는 것'이다. 한국지도 하나만 봐도 그렇다. 36년이라는 기나긴 일제식민지의 산물로서 한국지도를 '얌전한 토끼' 모양으로 학창시절 수업시간에 배웠다. 그러나 원래는 토끼 모양이 아니라 '패기 있고 용맹스러운 호랑이가 중국을 금방이라도 집어삼킬 듯이 포효하는 모습'이었음을 기억으로 더듬어 낼 수 있을 것이다. 실제로 바뀐 것은 없는데 한반도 모양을 '얌전한 토끼'에서 '패기 있고 용맹스러운 호랑이'로 바꿔보면 지금까지 보아왔던 한국지도의 느낌이 전혀 다르게 보일 것이다.

---

41 1970년, 호주 멜버른에 사는 스튜어트 맥아더Stuart McArthur가 12살 때 세계 최초로 남반구를 위쪽에 표시하는 지도를 그린 후, 21세 때 이 지도를 다시 그렸다. 이 지도가 바로 '맥아더 개정 범 세계지도McArthur's Universal Corrective Map of the World'이다.

[하멜표류기]에 표출되는 하멜의 시선은 당시 조선에 대한 부정적인 느낌이 있다. 그 서술내용 중 '바깥 세상'과 관련하여 눈에 띄는 대목은 다음과 같다.

17세기인데도 조선은 세계를 인식하는 수준이 지극히 낮았다. 조선인들은 세계에 12개 왕국밖에 없다고 알고 있었다. 많은 나라가 있다며 이름을 말해주어도 조선인들은 고을이나 마을 이름일 거라고 반박했다.

하멜 일행이 무려 14년간이나 조선에 머물렀는데도 조선은 시대의 변화를 전혀 읽어내지 못했다. 조선인 스스로가 조선의 존재를 유럽세계에 알린 것이 아니라, 네덜란드 사람인 하멜에 의해 조선의 존재가 유럽에 알려졌다는 점은 두고두고 아쉬운 대목이다. 또한, 당시에는 '바깥 세상'이 어떻게 돌아가는지 전혀 관심이 없었기에 역사적으로 열강 국가들로부터의 침략에 시달려야 했고, 더 나아가 일본의 식민지로 전락한 것은 결코 어느 날 갑자기 일어난 우연한 사건이 아니다. '옴파로스 증후군 Omphalos Syndrome[42]'의 당연한 귀결이라고 볼 수 있다.

'만일If'이라는 가정을 하면서 역사를 다시 되돌아본다면 우리가 몰랐던 사실들을 새롭게 알 수 있게 된다.

유럽이 아메리카 대륙을 발견한 사건은 콜럼버스의 몽상과 그를 믿은 당시 스페인 여왕 이사벨라 1세의 결과물이라는 것은 다들 잘 알고 있다. 그런데 만일If, 이사벨라 여왕이 콜럼버스의 제안을 거절했더라면 세계

42 '옴파로스'는 라틴어로 '배꼽'이라는 뜻으로, 이 증후군은 자신이 사는 곳이 세계의 중심이라고 여기고 세상의 모든 현상을 자신이 속해있는 세계를 중심으로 판단하기에 남을 제대로 바라볼 수 없는 현상을 말한다.

역사는 어찌 되었을까? 아마도 콜럼버스는 좌절하여 남들의 비난을 받는, 뜬구름을 잡는 몽상가로서 조용히 일생을 마쳤을지도 모른다. 그리고 당시 세계사의 주도권은 스페인에서 경쟁국인 포르투갈이나 다른 열강에게 넘어갔을 것이다. 너무도 단순한 가설이지만 만일If, 우리도 '바깥 세상'을 더 많이 이해하고, 소통했더라면 역사는 한참 바뀌었을 것이다.

'바깥 세상'을 알기 위해서는 '여행'을 통해야 하고, 또한 그 여행을 하기 위해서는 해당 국가에 대한 이해가 전제 조건이 된다는 것은 이미 설명한 바와 같다. 여행할 때는 '바깥 세상'에 대해 지적 호기심을 가지고 언어, 역사 및 세계 지리적인 눈을 가져야 한다. 즉, 내가 다른 나라를 가기 전에 그 나라를 알기 위해 사전에 공부하고, 공부를 통해 이해하고, 또한 그것을 확인하기 위해 직접 그 나라에 가는 행위는 나와 그 나라 간의 '소통'을 위한 것이라는 결론에 도달하게 된다.

30년간 지구 23바퀴 여행의 기록

여행을 쓰다

2019년 12월 13일 발행

지은이　제임스리
펴낸이　최지윤
펴낸곳　시커뮤니케이션
경기도 의정부시 평화로 113-3, 101-501
www.seenstory.co.kr　www.facebook.com/seeseesay
T 031)871-7321　F 0303)3443-7211
seenstory@naver.com

서점관리　하늘유통
찍은곳　현문자현

979-11-88579-43-3